逆まく怒濤をつらぬきて

菅澤邦明
新免　貢

東京シューレ出版

菅澤さんは訴えます

菅澤邦明さんは牧師です。日本キリスト教団西宮公同教会という兵庫県にある教会です。私とはもう30年以上のお付き合いです。

どんなお付き合いかといいますと……。

私はロシナンテ社という小さな会社で働いています。『月刊むすぶ』(旧誌名『月刊地域闘争』)という雑誌を出すことを生業としてきました。全国の住民・市民運動の情報交流誌です。菅澤さんは本当にいろんなことに取り組んでいます。地域の環境問題に始まり、人権問題。むかし、甲山事件という冤罪事件がありました。その支援などもやっていました。幼稚園もやっています。

『月刊地域闘争』では住民運動、市民運動が取り上げる問題はなんでも取り上げてきました。そんな接点です。菅澤さんは、『月刊地域闘争』、そして『月刊むすぶ』の購読者です。

2011年3月11日東日本大震災。福島第一原発事故。そして、私たちの世界が変わったと気付くのです。そんな事実を原発事故という現実から見つめているのです。

原発の事故、福島の汚染状況。住民の置かれた現実。毎日、『福島民報』、『福島民友』という地元紙に目を通して、福島の状況を知ろうとしています。
　この書は、菅澤牧師の教会通信の福島原発関連の記事をまとめたものです。今を生きる私たちはこの原発事故、放射能から目をそらすことはできないのだという警世の記録が載っています。

しかたさとし

もくじ

1・17、3・11、そして今

新免貢　宮城学院女子大学一般教育部教員

多数派には力があります――不幸にして、しかし、正義は持っていません――少数派が常に正義の味方です
（イプセン『人民の敵』におけるトマス・ストックマン医師の金言）

菅澤氏と私——はじめにかえて

　声を上げるにはエネルギーが求められる。気がついた者が自分の生きている足元から声を上げるしかない。そして、声をあげる者は、その周囲に多数派などを集めることなどできない。そういう覚悟と鮮明な問題意識をもって行動してきたのが、本書の共著者、菅澤邦明氏（日本基督教団西宮公同教会牧師）である。彼は、原発事故以降、深刻な放射能被害の実態と電力会社の無責任体制を具体的資料に基づいて明らかにし、原発告訴団などの反原発運動とも連携しながら、また、沖縄に何度も足を運び、辺野古基地建設反対の座り込みに参加しながら体験した諸事実を全国に発信してきた。

　菅澤氏はまた、飯舘や伊達や南相馬などを含む福島県内各地や仙台市荒浜や石巻などを自分の足で歩き、その光景を目に焼き付けながら、また、被災者たちと交流しながら、行動し、発言し、被災状況を書いてきた人物である。さらに、自身が関係する教会の屋上に太陽光発電を設置し、教会附属幼稚園に通う園児の保護者たちと協働して、原発労働者たちに手作りパンを送る働きも展開してきた。これらの数々の体験が本書の随所に反映されているはずである。

私もまた、共著者の菅澤氏の行動と連動する仕方で各地を回りながら、自分自身が直接見聞きしたことについて各方面に文書を発信してきた。こういう時代を生きていると、ありとあらゆることが問いとなって、こちらに跳ね返ってくるので、それに向き合って言葉を記していくだけでも、その分量はAサイズで300頁近くにもなる。さらに、桑原重夫氏や菅澤氏らが中心となって担い続けてきた関西神学塾／政治思想研究会を学的基盤とする講座やシンポジウムなどにおいて展開されたことは、問いを発する緊急出版（新免貢、勝村弘也共著『滅亡の予感と虚無をいかに生きるのか――聖書に問う』、新教出版社、2012年）として結実した。

冒頭のセリフを作中のトマス・ストックマン医師の口に上らせたイプセン自身は、ある手紙の中で、「われわれはみな、われわれの意見をひろめるようにしなくちゃならんと君が言うのは、もちろん正しい。だが、知性の分野で先に立って闘う者は、自分の周囲に決して多数派を集めることなどできない、と僕は固く信じている」と語った。いくら主張が正しくても、少数派に立つ者は思想的・原理的な孤独を味わうことになる。不幸にして多数派には力があるが、多数派の掲げる正義にはまやかしがあることは、最近の世の中の動きがリアルに示している。少数派の主張のほうが正義を言い表していても、少数派はその都度押し返されて負ける。多くの人々から「世間の敵」、「人民の敵」として嫌われ、ののしられることもある。少数派は、苦痛と恐怖を一人で背負わされる。こういう思いは、菅澤氏と私は腹の底で共有している。しかし、世間は狭くなっても、世界がうんと広がる。こういう思いの輪がさらに広がることが期待される。

1. 種々の形を取る犠牲のシステム

オウム真理教の教団元幹部の死刑が7月6日と26日に執行された。死刑囚の弁護人らの間には衝撃が広がった。私は、ここに犠牲のシステムが日本社会に不気味な仕方で働いていることを実感させられている。死刑執行の日、人々の暮らしは、処刑前と変わりない。被災地においてもそうだ。犠牲のシステムとしての死刑執行は、次の段階へ移行するための折り合いの付け方である。しかし、次の段階への移行は世の中の転換を意味しない。むしろ、それは、抑圧的な社会構造がこれまで以上に強化される折り合いの付け方である。アメリカでは、死刑囚執行に立ち会った被害者家族や一部マスコミ関係者がその後トラウマに陥っているという事例も報告されている。人の命が奪われることは、いかなる形のものであれ、法の適用範囲を超えてしまい、説明不可能である。説明不可能なことを説明することは無理である。死刑執行は、生身の人間の魂に対する侮辱である。ここに人の痛みがある。人の痛みはどこかで他の人の痛みとどこかで互いにつながっているという認識が求められる。

こうした互いの痛みの共有をあざ笑う言葉が、最近流行の「発達障害」という奇妙な言葉である。「発達障害」という言葉が流行し、独り歩きし、かえって多くの人たちを非人間的に扱い、苦しめている。「相手の気持ちがつかめない、場にあった行動がとれない」「会話をつなげない」「行動、興味、活動が限定している」などのことが「発達障害」の特徴とされているが、こういう枠づけにも犠牲のシステムが働いている。「発達障害」とされた少年は、「僕はバカじゃない……『障害』は僕の中にあるのではなく、僕の外、社会にあります」と書いている。学校教育現場は本来、様々な生徒がそれぞれ異なる仕方で生きていることを保障し、証明するべき場所である。しかし、そういう手間暇のかかることは行われず、一部の生徒を「発達障害」と名付けて、支援学級に送ってよいという考えが広がってきている。生きていることの小さな証明書ではなく、「発達障害」という診断名を生身の人間存在である一部の生徒に与えるのである。文部科学省の巧妙な調査により、6・5％が発達障害であるという数字が広められた。この数字では、40人クラスの場合、2〜3人が発達障害ということになる。そういう意図的な動きと同時並行で、製薬会社や学会と組んだ医師たちは、チェックリストを見ながら、目の前に座る人に治療薬として向精神薬を投与し、製薬会社と病院が大儲けする仕組みが出来上がっている。私の知っている自死遺族会関係者は、「自分の息子は自死したけれど、『死にたくない』『死にたくない』と言っていた。でも薬の副作用で死に至った」と証言している。人間が生きていることに対して、病名を付けて、薬を投与し、合法的に死を招く結果が引き起こされ、製薬会社、病院が利潤を上げ、教育現場の学校もそういう状況に合わせている。これが犠牲のシステムでなくて何であろうか。これが今の私たちの世の中で進められている「人づくり革命」の偽らざる一断面である。「僕はバカじゃない」という「発達障害」の少年の言葉は、現代社会の様々な方面に十分に届く力があるだけではなく、政治的に抗議を申し立てる迫力が私には感じられる。

2．二つの震災

偶然にも私は二つの大地震を体験した。形あるものは必ず壊れるというのが、私の実感としてある。人間の作ったものが壊れた。震災や、その他自然災害がもたらす被害の大きさは、科学技術災害としての側面を度外視しては論じることはできない。

（1）阪神・淡路大震災

1995年1月17日早朝に起こった阪神・淡路大震災の犠牲者は6434名にも上った。家を失い、路頭に迷い、膨大な負債を抱え、生活基盤を根こそぎにされ、人生を変えられた。揺れている最中、私は死を意識した。下から強く突き上げるようなあまりにも激しい縦揺れに体が固まり、「こうして自分は死んでいくんだ」と観念した。あの時のあの揺れは、生きることを諦めさせるような揺れであった。死ぬこと自体が怖いと感じる余裕のないまま、映画館の幕が閉じられていくかのように、そのまま死んだ状態へと否応なしに移されていくように感じた。神戸の各地では煙が上がり、大きな建物や人間の住む家々が倒壊し、手抜き工事の高速道路の橋脚も崩れた。神戸、芦屋、西宮の山側の閑静な住宅地よりも、海側の被害のほうがひどかったことを覚えている。いわれなき差別を受けている人々、出稼ぎ労働者たち、在日朝鮮人たち、低所得層が多く住んでいる海側の地域に対して、自然災害はより激しく襲ってきた。また、商店街が焼失し、あたり一帯が焼け野原になった。たまたま生き残った私は、焦げついた匂いが漂う中で、怒りを感じた、「自分がこうして生きていて、多くの人たちが命を失い、あるいは、家をなくしている。これはいかなる事態か」と。これらの被災者たちを助ける手立てなど十分にはなかった。今もってない。孤独死も続いた。当時、生活困窮被災市民を対象とする「緊急生活援助貸付金」を求めて、神戸市役所前に張られた白いテントのもとに大勢の被災市民が駆けつけ、長蛇の列をなした。「1世帯1万円、無利子・無担保、返済期限なし」という破格の貸付は、関心ある市民団体——宗教団体も含む——の連携によって数次にわたって行われた。これは、国内外から集められた義援金を資金として、「1万円あれば、1〜2週間食いつなげるかもしれない」という被災市民の想像力が生んだ取り組みであり、「1万円の重み」を行政に訴える意味も込められていた。しかし、復興宣言が発表されても、今や、被災市民が復興住宅から期限切れを理由に立ち退きを行政側から求められる事態に至っている。

（2）東日本大震災

東日本大地震・大津波では、長期停電となり、ろうそくの明かりで過ごした。冷え切った夜のしじまの中で、まるで降ってくるように美しく輝く星の光に圧倒された。近代哲学の祖イマーヌエル・カント（1724〜1804年）も、感歎と崇敬とをもって心を満たすものとして、内なる道徳的法則と並んで、頭上に輝く星空のことを挙げている。それは空想や観念ではなかった。私は、オリオン座を見ながら、こんなにも夜の星空はきれいなものかと感嘆した。それと同時に、星の美しさを見えにくくしている文明の恩恵とは何なのかと考え込まされた。人間は偉そうなことを言いながら、偉そうに生きているが、雄大な自然世界から見ると、地べたに張り付いているだけの存在でしかない。当時、大原小学校の関係者たちは、消防隊員が機転を働かせて、校舎の裏側で暖をとり、杉の木立の間から夜空の星を見て、生徒たちと共に一夜をしのいだことを証言していた。同じ星を見ていても、これほどまでに状況が異なるのである。

郊外にある自宅からでも、燃えているような明るさが遠方に確認された。火災が仙台港一帯で発生していたのである。関西の知り合いからの電話が偶然つながった時、不安で動揺していた私の声は上ずり、「ライフラインがあちこちやられて……」というような言葉を繰り返し、相手の話を冷静に聞くことができていなかった。ラジオのアナウンサーの声が最初は緊張感に満ち、「……は壊滅」といった情報が順次伝えられていたが、その声の調子も次第に弱まった。津波に襲われた病院との電話のやり取り――「助けを待っている」「避難している」など――がラジオを通して聞こえていたが、それが途中で切れたのである。その間に、多くの人たちが津波で尊い命を失ったことを本当に知るのは、3月14日（月）、東日本大震災ボランティアセンター活動を支えるための個人口座を開設する手続きをしている時であった。仙台駅近くの銀行でテレビを見て、東日本大震災によってもたらされた災難のすさまじさを、仙台に住んでいる者が映像を通して初めて知ったのである。関西にいる知り合いたちはもっと早く、その惨状をテレビで見て知っていたことになる。これが、近代における災害情報の伝達の順序である。

自然世界は、大災害を通して、「人間の世界がこのままでいいのか。不条理がまかり通り、悪が栄え、強さや大きさを人に要求する冷酷な社会システムでいいのか」などといった一種の問題提起を人間にぶつけているようにも感じられる。人間の作ったものが徹底的に破壊されたのである。紀元後4~5世紀にさかのぼる古代キリスト教の文献においても見られるように、自然世界は、「人間のために作物を生み出す力を発揮したくない」と怒っているのかもしれない。「人間の居住する土地を全部水で覆いつくしてやりたい」と叫んでいるのかもしれない。

3. 人間が作った社会の仕組みは、人間の手で作り変える必要がある

私は発信文書第一報（2011年3月25日）において、海外メディアの原発事故報道を視野に入れながら、次のように書いた。今もなお、当時の緊張感を覚えている。

古代以来、朝鮮半島や中国大陸との豊かな交流と列島各地の地域的特徴に支えられて歴史を刻んできた日本に居住するわれわれ一人ひとりが今、地球規模になりつつある放射能

汚染にさらされていることは、上記の海外メディアの報道から見ても、否めないように思われる。実際、幼児の県外避難も始まりつつある。私にさえ、関西に戻ることを勧める声がある。こういう大きな問題は、原発支持派の研究者や政策立案者に任せてはいけない。「～シーベルト」などといった数字に幻惑されてはいけない。今危ない事態に及んでいるというのが、まともな市民の感覚である。菅総理は、事態のさらなる悪化を食い止めるために努力していると国民向けの記者会見で述べている。しかし、その絶望的な努力を現場でさせられているのは、東京電力の下請企業の末端の低賃金労働者たちであること、真相が公表されていない可能性があるということも、海外のメディアは伝えている。

道路全線通行可という報道に覆い隠されてしまっている真の恐ろしい状況を生きるしかないのであるが、今、立ちあがらなければ、とんでもないことになることは必定である。苦難の中にある人間には、同じ人間の存在が必要である。「にんげん」に戻ることが必要であると実感し、緊急に一文をしたためた。

原発事故から7年以上が経過した今、便利な生活と豊かさの中にあるわが国が自然災害にはきわめて弱い国土であることを記録的豪雨による各地の土砂災害や地震が証明している。特に、原発事故は未来に大きな負の遺産を残し、未完成の、回収できない科学技術がもたらす被害の恐ろしさをまざまざと見せつけている。こういうことは、巨大な山のように積み上げられている飯舘村のフレコンバッグを見れば、すぐに実感できることである。

その一方で、多様な人間存在に対して画一的な上下の格づけを行い、強さや大きさや華やかさといった虚飾に満ちたものを求める文明社会のシステムとは一体何なのか。社会を支配する側の有力者たちの場合、「力」を獲得するに至るまでの過程が社会下層に属する者たちとは基本的に異なる。その「力」は特権として蓄積され、代々受け継がれていく。有力者たちは、芸術を保護し、教養や礼節を身につけるが、意識的であれ無意識的であれ、社会の実相とでも言うべき、力を追求する戦いの残虐性を覆い隠す。有力者たちは自分たちが特権を享受していることを正当化し、合理的に社会を牛耳っているわけである。それと同時に、見せかけの華やかさや虚飾に満ちた地位や肩書の背後に、彼らの不正義、高慢、偽善が隠されてもいる。レトリックを使えば、有力者たちは、不正まみれの世の中という肥溜めにバラの香水を振りかけ続けることになろう。今は、そういうことも含めて、各自がそういう社会のあり方を深く考える時でもある。こうしたシステムは、人間が作った仕組みであるから、人間が人間の手で作り変える必要がある。

ここで思い起こされるのは、人間が駆使する技術と自然との関係について語った哲学者アリストテレスの名言である。「自然が技術を模倣するのではなく、技術が自然を模倣するのだ」（イアンブリコス『哲学のすすめ』断片11）。「技術の生み出したものよりも、自然の生み出したもののほうに多く目的と美が存在する」（『動物部分論』639b 19）。こういう規範的な哲学的見解は、即物的成果や利益につながらない。しかし、そういうことに立ち戻ってもよさそうな時が到来している。やはり人文系と理系の統合が求められるであろう。

しかし最近、このような古の知恵など無視されて、産学協同路線が大手を振るようになって来ている。その一例が文部科学省の私立大学ブランディング事業戦略である。この戦略は結局、学問の自由に抵触する商業主義に立脚しており、そこには倫理はない。その証拠に、自己の私的利益となるようにブランディング事業採択に便宜を図った文部科学省幹部が逮捕された。大学側にとって、事業案採択は「金」という恩恵があり、名誉にもなる。「金」はどこにも落ちているわけではない。「金」には名前がついていないので、あればありがたいものである。そういう「金」の論理が大学運営に幅を利かせているのである。それに伴って、学問研究が堕落し、特に、人間として自由に生きる技法を多方面から考察する人文系学問はますます隅に追いやられていくであろう。

しかし残念ながら、これまでの戦後日本の歩みを回顧すると、人類の福祉に貢献するため人文学と理系とが連携するという仕方ではなく、経済の論理で、二酸化炭素を排出しないクリーンな夢のエネルギー源としての原発の安全性を夥しい数の学者たちが強調し、学校教育現場でも原発の安全性を意図した教育が行われてきた。これはもう、政・財・官の癒着どころか、そこに教育の「教」を加えた政・財・官・教の癒着である。その教育の「教」の中に、宗教も含まれる。そういうことを「奇妙である」と言えないような諸宗教は、こういう状況下では、その本来の立場をすでに失っている。強さと大きさを人間に要求する世の中のシステム、それを物理的・経済的に支える原発行政、その枠内に身を置いて研究をしつづける研究者たちの姿勢に対して、私は若干の違和感を覚える。こういう違和感は、机上の理論に腐心し、世の中の問題について発言しきれないでいる文系研究者たちや宗教者たちに対しても感じる。人々の暮らしといのちを大切に思うのであれば、職業的立場でものを言うのではなく、そんじょそこらにあまたいるごく当たり前の市民として声を上げたほうがいいように思う。

「沖仲仕の哲学者」エリック・ホッファーは、自叙伝（中野義彦訳『エリック・ホッファー自伝――構想された真実』、作品社、2002年、58〜59頁）の中で、こう書いている。

大きな貧民街のある海岸沿いの町での出来事である。その町に着いたのは夕方だった。翌朝、貧民街で目を覚ますと、大きなトラックが二台入って来た。山の中に道路を造ろうとしていた建設会社が、職業紹介所で日雇い人夫を確保する代わりに貧民街にトラックを送り込んだのだ。トラックに乗れる者は誰でも、たとえ片足であっても雇われた。荷台がいっぱいになると、運転手は後部の開閉板を閉めて車を東へと走らせ、われわれは山のふもとで降ろされた。着いてみると、会社の人間は一人しかおらず、装備品と糧食が一式置かれている。そして、測量技師が道路に印をつけ終わると、運ばれてきたわれわれだけで道路を造らねばならなかった。

私はここで途轍もないことが起こるのを目の当たりにした。鉛筆とノートを持っていた一人の男が、集められた者たちの名前を書きとめ、仕事を割り当て始める。すると、われわれのなかには、大工も鍛冶屋もブルドーザー運転手もハンマー打ちも大勢いたし、コックや救急救命士、職工長までいることがわかった。まずテントと料理小屋、トイレとシャワー付きの浴室を作り、次の日の朝から道路建設にとりかかった。われわれは専門家並みの仕事をしたし、できあがった岩の壁や水路はまさに芸術品であった。州の検査官がうろつき点検したが、なんの欠点も見つけ出せず、仕事は順調に進められていった。こんなことがロシアやそのほかの国でも起こりうるだろうか。もし憲法を作れと言われれば、われわれのなかには、「〇〇の事実に徴して」とか「〇〇なるが故に」とかいう表現をすべて知っている者がいただろう。われわれは、貧民街の舗道からすくい上げられたシャベル一杯の土くれだったが、にもかかわらず、その気になりさえすれば、山のふもとにアメリカ合衆国を建国することだってできたのだ。

「その気になりさえすれば」、各方面で破綻が生じている社会の修復のために、何らかの働きができる。「再開発」という大げさなことでなくて、みんなで協力するという形が大切である。「貧民街の舗道からすくい上げられたシャベル一杯の土くれだった」者たちが、それぞれの力を結集して、道路を造り上げた。社会の破れを修復する働きは、エリートや専門家たちに任せていたら、いくらでもデタラメなものになる。「貧民街の舗道からすくい上げられたシャベル一杯の土くれだった」者たちの力が求められている。これが、私の構想する世直しのイメージである。「その気になりさえすれば、なんでもできる」という事例として、新潟県の巻町原発の例を挙げることもできよう。電力会社が地元住民の強い反対にあい、結局原発建設の断念を余儀なくされた。原発誘致の可否を問う住民投票では、反対票が圧倒的多数を占め、反原発を掲げる住民運動が画期的な勝利を収めた。これは、遠い昔のことではなく、1996年8月4日の出来事である。「その気になりさえすれば、なんでもできる」のである。必要なのは、その希望を持続させる勇気であり、物事をありのまま観察し、事の理非を見分ける理性である。

確かに、われわれは、震災や他の災害、戦争の犠牲者や被害者、被災者に成り替わることはできないであろう。しかし、自然死を遂げたのではなく、意に反してなぶり殺された人たちや被災者たちのことを覚えずにはいられない。劣悪な言葉が横行し、社会を劣悪にしている今、そして、世界観と人間観が問われている今、各方面で破れが生じている社会の修復につながる言葉を紡ぎ出したいものである。破壊、殺戮、強奪を行う支配は、戦争をも辞さず、結果を考慮しない創造的破壊である。それによってひとけが絶えていく。多数派がこれを「平和」と呼ぼうが、それは決して平和などではない。こういう乱暴な平和ではなく、安心して暮らせる平和を作り出す方法を共に模索したいものだ。

結びに代えて――カタツムリの速度で――

最後に、国民生活の安全な暮らしの方法を政策として立案すべき政治家たちこそ、原発に代わる代替エネルギーへの転換を求める英断を下すべきである。そういう転換を個人的な次元だけではなく、今の時代の文脈の中で捉えなおして、社会システムの転換というところまで視野を広げて理解し直す必要がある。経済効果と結びついた原発依存型ではなく、太陽光と風力も含めた別のエネルギー源の開発と確保に着手し、一方で、環境問題や平和の問題への取り組みを学校教育の中に取り入れていく、そういう根本的転換が必要となる。時間と金がかかるかもしれないが、「カタツムリの速度で進む」長期的転換の実験的試みが人類の明日につながるであろう。

今、社会のあらゆる方面で、あまりにもひどい言葉が横行している。「事実は確認されていません」「今、調査中」「そういう認識はなかった」……。劣悪な言葉は人間世界を劣悪にする。劣悪な言葉が社会に浸透していくと、若い人に悪影響を与える。しかし、人間が人間であることの基本は見失いたくないものである。人間が人間であることの基本は、要するに「コモン・センス」である。「コモン・センス」は物知り的な常識ではなく、人間が人間として共通に持つ論理、倫理、生き方であり、共通の良識である。この共通の良識が欠落すれば、環境破壊、貧困、暴力などはますますひどくなる。「コモン・センス」を働かせ、先々の結果まで考慮しながら、これからの10年、20年、30年を見据え、未来への展望をもって生きていくしかない。社会には見えざる地下水脈が横たわっているものである。この「コモン・センス」を共有し、人間の基本に基づいた良い言葉を紡ぎ出し、それを世の中の潮流に流し込み、隠れた地下水脈に蓄えていくしかない。いつの日にか、それが表に流れ出し、乾ききった人間世界を潤す時が到来するであろう。

東日本大震災、そして原発の爆発

——その滅亡に直面した瞬間から、一人の牧師が考え続けています

菅澤邦明

阪神淡路大震災、東日本大震災、そして福島原発事故

東北の大地震、そして大津波が、いくつもの町を飲み込む映像に衝撃を受けている間もなく、追い打ちをかけるように始まった現実を伝えたのが東電福島の事故の映像でした。巨大な建物が吹っ飛ぶ映像は、今現在起こっているにもかかわらず、常に現場から遠い場所からの映像であることが、大津波とは違う「恐怖」として迫ってきました。そのことの「何故」が、伝えられる少ない情報をもとに考察する時、更に「恐怖」となり、衝き動かされるように新しい「こうほう」の形になってきました。この「こうほう」は、23年前、1995年1月17日の兵庫県南部大地震後に書き続けた「じしんなんかにまけないぞ　こうほう」の「続き」でもあります。

「じしんなんかにまけないぞ　こうほう」は、行政側の「公報」とは違った水準で情報を発信してきました。西宮市が、大地震のすぐ後に出した市の「公報」には、いつものように燃えない「ごみ」の「収集」のことが案内されていました。その時、途方もない「ごみ」が発生しているにもかかわらず、呼び掛けは平常の感覚でした。既に、いつもとは違う量の「燃えないごみ」「ごみ」が出され始めていたのに、追い打ちをかけたのが「公報」でした。

結果、既に集める手立ても、集めたものの処理も間に合わない、途方もない「燃えない」「ごみ」は、いつもの場所で出されたまま積み上げられ、増え続けることになりました。

そんな「公報」の通常の感覚を見つめてえぐり書くことになったのが、「じしんなんかにまけないぞ　こうほう」です。ただ、書いていた訳ではありません。集まっていたボランティアと、西宮市役所に押し掛け、起こっている事実を直視した対応を市の担当者に迫ったりもしました。担当者に、その場で書いて突きつけたのが、以下の文章です。

＊―――――＊

1月17日5時46分の地震について

私たち市民は17日早朝、言語を絶する体験をしました。並んで下敷きになったお母さんは微かな声で「子どもを助けてほしい」と訴えましたが、お母さんだけしか助かりませんでした。たまたま助かった人たちは埋まった人たちを、ほとんど素手で、あきらめずに2時間、3時間と掘り続けました。

そんなことが西宮市で同時に起こっていたのです。1月17日の地震は私たち一人ひとりから5～10人といっぱいの仲間を同じ時に奪ってしまいました。

残念ながら西宮市対策本部は空前の地震がもたらした被害の深刻さを正しく認識していません。

1　都市機能について

①　下水道は地震による道路の亀裂陥没等によって市内全域で損傷していることが十分考えられます。神戸高速鉄道が「復旧不能」であったように、地下でも地震の破壊が確実に拡がっています。1月22日避難所となっている甲東小学校の西側トイレが詰まってしまい使用不能となっています。こうして起こっている事実は下水道管の損傷との関係が明らかです。

②　深刻な2次、3次災害の可能性がある、ガスの場合はさらに深刻です。

③　現在復旧の急がれている水道については①、②と同じ問題を抱えていると同時に、大量の汚水を損傷のおびただしい下水管に流すことになります。水道の復旧だけを急ぐべきではないのです。

④　地震による大小のガレキと生活ゴミ、通過する外来者の捨てるゴミ等でごみは確実に増え続けています。分別困難なこれらのゴミはごみ処理を更に困難にすることが認識さ

れていません。通常のゴミ処理を少しばかり強化しても対応しきれるものではありませんが、対応は全く考えられていません。

2　道路・鉄道について

幹線道路である171号線、阪神高速が通行不能となった結果、2号線および43号線が著しく渋滞しています。その結果、阪急線の西宮北口駅、阪神線の甲子園駅にはおびただしい人が殺到しています。自転車等は駅周辺に放置され、放置範囲は確実に拡がっています。二つの駅に集中する人によって今後更に起こる混乱への対応は全く取られていません。

3　住宅について

地震で住宅を奪われた人たちの多くは避難所での生活を余儀なくされています。避難所での生活は安心できる住宅に復帰することを期待してのことです。しかし西宮市担当者が言うには崩壊してしまったおよそ1万戸の住宅に対して約1000戸の住宅が建設されるだけです。しかも建設には1～2か月かかります。もっともっと大量の仮設住宅の建設は2次、3次の災害を防ぐためにも急務です。世界でも最も豊かな国である日本ならそんなことはた易いことです。

4　ボランティアについて

1月17日の地震による激甚な被害は、善意のボランティア活動家によってなし得ることを極めて限定させています。適切な判断と行動力を要求される激甚の災害地での活動をボランティアに委ねるべきではありません。おびただしい数のボランティアを送り込むことは彼らを2次災害にまき込むことになりかねないのが今度の地震です。

5　対策本部について

そもそも規模や被害からいって、市単位の対策本部で対応できる地震ではありません。政府が現地にすべての機動力を備えた対策本部を置かない現状ではとりあえず上記のすべての領域での対応が後手に回っています。極大の被害を引き起こしている中で、すべての現場で、すべての担当者が、疲れ果てながら結果として大きい禍根を残す働きを強いられているのが残念でなりません。

6　この国の現実について

極大の地震がたとえ局地的であっても極大の被害をもたらしているのに、国技の大相撲を実施し続け、テレビは小さな自粛の後放映を続けました。そのようにして５０００人以上の人間が同じ時に死んだ事実があまりに軽いこの国の現実が残念でなりません。

この文章は１９９５年１月22日午後３時、西宮市市長室で書かれ、以下のものが署名し、市長で対策本部長である馬場順三さんに直接手渡されたものを少し書き換えたものです。

１９９５年１月22日午後３時15分
西宮市南昭和町10－22　西宮公同幼稚園
電話　０７９８－67－４６９１
ＦＡＸ　０７９８－63－４０４４

菅澤邦明（西宮公同幼稚園園長）
勝村弘也（神戸松陰女子大学教授）
西山徹、西山恵利子（西宮市自営業）
奈良いずみ（洛陽教会牧師）
山口誠、古山裕基、月原秀宣、北山祥子、和田美穂、宮崎裕司、難波早苗、宮地裕美、

佐伯祐佳、島本清（大阪ＹＭＣＡより派遣ボランティア達）

＊――――――――＊

原発爆発、人の命が軽んじられています

東北の大地震・大津波の直後から始まった東電福島の事故は、伝えるのは事故の現場から遠く離れた「対策の現場」であったり、遠くからの映像だったりすることが、この事故の不気味さとなっていました。大津波は、おびただしい人間の命を奪い、人間の営みを破壊することになりましたが、常に事実としては、一つの地域の「過去」の出来事でした。東電福島の事故が予測させたのは、それが世界を巻き込む現在も起こりつつある事故であるらしいこと、その不気味さでした。終わらない巨大な事故を予測させる何かが、確かに起こっていたのです。

原子力発電所施設の巨大な建物が吹っ飛んで、放射性物質が閉じ込められなくなったのが、東電福島の事故です。その物質は、嗅ぐことも触ることも見ることもできず、人間には身を守る術がなくて、今ある場所から逃げ出す（避難する！）しかない毒であり、それ

が広く環境中に降り注ぐことになったのです。一旦事故になった時、修復が難しいのは、その毒が事故現場での修復の手立てを拒み、更に毒が増え続けて、手立てを更に難しくしてしまうからです。東電福島の事故の「恐怖」の根源はそこにあります。にもかかわらず、事故は収束可能として伝え続けられました。そこで始まったのが、限られた情報であっても、その事実と強い違和感を見つめ考察する「じしんなんかにまけないぞ　こうほう」でした。考察が始まったのも、書き続けてきたのも東電福島の事故に対する「違和感」です。たかが「違和感」ですが、座らせ所のないものをそのままにできない、そんな性分ということになるのかも知れません。事故当初（今もですが）、吹っ飛んで壊れ、それを壊した原因の溶融した燃料を冷やす手立てにかり出されたのは、現場での作業員はもちろん、消防・自衛隊員などの「決死隊」でした。その自衛隊員が万一亡くなった場合の弔慰金が約8000万円です。作業員の弔慰金について問われた東京電力の社長は、「考えていません！」と答えていました。こういう無責任に対して「違和感」を持ってしまうのです。「違和感」ということでは、被曝中でも低線量被曝をめぐる言説も同様です。その「安全」と「安心」を徹底して考察したのが、『つくられた放射線「安全」論』（島薗進、河出書房新社、2013年）です。多くの場合、低線量被曝の安全は、安心にすり替えられて語られることへの「違和感」です。今「安心」はエスカレートして、放射能の危険で避難している人たちの、居住制限、居住困難区域も「安心」(たとえば、20mSv/年地域であっても)となって、避難が解除されています。

事故現場については、東電と国が「廃炉カンパニー」を立ち上げて事故現場及び事故対策の現状更に今後の対応、対策が月毎にこと細かに報告検討はされています。それに呼応するかのように『福島第一原発廃炉図鑑』(開沼博編、太田出版、2016年)のようなものも出版されます。しかし、廃炉カンパニーの「廃炉」も、『廃炉図鑑』の「廃炉」も、願望としてはあり得ても、事が放射性物質が閉じ込められなくなったような事故の場合、決してあり得ません。現在も続く放射性物質の放出が止められなくて、放出されてしまった放射性物質の処理も、本来不可能であるのが放射性物質だからです。廃炉カンパニーの「廃炉」も、『廃炉図鑑』の「廃炉」も、当面目指しているのは、壊れた原子炉からの燃料の取り出しです。東電福島の事故が「重大事故(ないしは過酷事故・シビアアクシデント)」と言われるのは、燃料が溶けてしまっているからです。たとえば、普通一般に使われている核燃料ペレットを棒状の管に入れ、更にそれが束ねられた状態で原子炉容器の中に並べられています。その出し入れは、直接人間の手ではなく機械的な運搬手段が使われています。手を触れることはもちろん近づくこともできないのは、被曝するからです。重大事故の東電福島では、本来の形状の燃料が事故で溶けてしまい、その形状もほとんど解らないまま、更に、燃料を格納する容器も溶けてしまっています。現在、溶けた燃料の状態を探る取り組みが進められていますが、遠隔操作で近くまでカメラを運ぶロボットの研究・試作の段階です。このロボットやカメラが研究・試作・実験段階であるのは、調べる場所が、放射線量の測定も容易ではないからで、ロボットを壊れた原子炉の中に送り込むにしても、その場所を簡単に開放したりもできません。ロボットを送り込むのも、遠隔操作です。更に、ぎりぎりのところでするそれらの作業のすべてが、ぎりぎりのところでの被曝を覚悟の作業になってしまいます。

『廃炉図鑑』は、東電福島の事故の廃炉をまずは科学の名において論証し、そこから現場の具体的状況、そして廃炉の現状を分析・報告します。「科学」の名においてです。『廃炉図鑑』は、廃炉の困難さを語る言葉を「福島をとりまく魔術的な言葉」とし「……ここではマックス・ウェーバー的な科学観に基づき『脱魔術化』であると定義しておこう」と言い、別に「百科全書」が18世紀に提起した「人間の知識と時の流れと変革とから保護する」、それが科学であるとの理解で、廃炉は困難であるという現実認識を、「魔術」として退けます。途方もない費用で自慢の現代技術を駆使してロボットの開発などは進むのでしょうが、途方もない量の放射性物質を環境中に降り注いでしまった事実、それこそが東電福島の事実なのですが、決して無かったことにはならないのです。東電福島の事故現場では現在も、外部から注水して原子炉と溶融した燃料を冷やしており、これは高濃度の汚染水となって壊れた原子炉から漏れ出しています。対策の為の施設が循環冷却施設です。循環冷却施設は、壊れた原子炉から放射性物質が漏れ出すのを防げている訳ではなく、汚染水を循環させているだけですが、「科学」といいながら単なる応急対策です。更に、循環の途中で放射性物質の一つセシウムを吸着して取り除いていますが、高濃度の汚染物質となって事故の東電福島の敷地内に仮置きされています。それは、本来の原子炉施設においてあり得ないことですが、事故の東電福島を事故後に法的に特殊原子力施設と位置付けることで可能にしています。この施設そのものも、本来は存在させてはいけないのですが、事故の施設を特殊原子力施設にして、すべてはあり得ることになっています。そして、仮置きされ増え続けているセシウム（セシウム吸着塔）は、環境中に存在してしまった時、どんな処理も拒みます。東電施設内で稼働している多核種除去施設で除去された多核種も、それを消し去ることができませんから、東電施設内で容器に詰められて増え続けています。これらの放射性物質の毒は、人間の科学・技術による処理をどんな意味でも拒み、それ自体が毒を減らすのを待つよりありません。「半減期」と呼ばれる期間ですが、たとえばセシウムの半減期はおよそ30年で、セシウムの毒が1／4になるのには半減期の半減期60年が必要になります。

もしそうだとすれば、人間の科学・技術が認めなくてはならないのは、たとえば放射能、放射性物質を扱う時に、人間の力が及ばないということです。そうして及ばないことを認めるのは「魔術的な言葉」ではなく、まさしく「百科全書」の科学・技術です。

「じしんなんかにまけないぞ　こうほう」は、現在月1回の発行になっています。テキストになっていた全国紙がほとんど書かなくなり、地元紙でも提供する情報の量は圧倒的に少なくなっていることが理由です。廃炉カンパニーや、原子力規制委員会などの直接情報は入手可能ですが、資料としては同じ対策をただ繰り返しているだけに読めます。地元紙が伝える、東電福島の事故現場の状況、事故で避難している人たちの状況に関する現在の考察は以下のようになります。

1、「帰還困難区域／6町村すべてに復興拠点／政府、葛尾村野行地区にも認定」（5月12日、福島民報）。

帰還困難区域は、降り注いだ放射性物質で住民が住めなくなって避難した区域の中でも「50ミリシーベルト／年以上」の区域で、全村、町民が避難になっている双葉町、大熊町などに広く分布しています。そんな区域認定になったのは、住民を被曝させてはならないと判断されたからで、事故から7年経った今も解除されていません。「復興拠点」は、帰還困難区域の一部を除染し、避難を解除し、住民が元の生活を取り戻す、復興の拠点として、国が認定します。住民が避難したのはあくまでも50ミリシーベルト／年以上であり、だから帰還困難区域になりました。その区域の避難を解除する為、国の費用で徹底除染し、拠点らしい整備も国の費用で実施されます。しかし、避難の理由、根拠であった放射線量は、避難解除、復興拠点の認定にあたり、具体的に言及されることはありません。区域指定の条件は無いに等しいのです。

2、「国・東電／処理水、決断時期迫る／規制委要求は海洋放出」（5月5日、福島民報）。

東電福島の事故の原子炉を冷却した高濃度汚染水は、セシウム、多核種と2段階で処理した後、処理不能のトリチウムはそのまま汚染水として残り増え続けています。「東京電力は、福島第一原発で汚染水を浄化した後に残る放射性物質トリチウムを含んだ処理水の扱いに苦慮している。保管するタンクは600基を超え、量は87万トンに近づく。日々増え続けているため、このままでは廃炉作業に影響しかねない」「第一原発では、事故で溶け落ちた核燃料に水を掛けて冷やし続けている。水は高濃度の放射性物質で汚染され、東電は多核種除去設備（ALPS）などで浄化しているが、トリチウムだけは取り除くことができない」「人体への影響は軽微とされる。放射能のエネルギーは小さく、体内に入っても短期間で排出される。通常の原発でも発生し、1リットル当たり6万ベクレルを超えない範囲で海に流している。第一原発では2016年3月時点の推定では1リットル当たり30万～330万ベクレルだ」「規制委の更田豊志委員長は基準値以下の希釈を前提として『環境や海産物に有害な影響が出るとは到底考えられない』と強調する」「『いつまでも先送りすれば、第一原発の廃炉は暗礁に乗り上げる』（更田氏）懸念がある」「処理水を海に流す場合、海水で薄めて濃度を基準値以下にする設備や、ポンプや配管の設置に2年程度」「放出以外は技術面、コスト面で現実味が乏しい」（2018年5月5日、福島民報）。新聞は現在廃炉の問題を「残る放射性物質トリチウム」に限定し、それだけを「苦慮」していますが、そもそも廃炉と言い難いのは前述の通りです。たとえば「汚染水を浄化し」ですが、浄化して飲める水になった訳ではありません。循環冷却、多核種除去の2段階で「浄化」した後に、1リットル当たり、30万～330万ベクレルの放射性物質が残っています。浄化できないのです。新聞では「浄化」「処理」「除去」が繰り返されます。これも前述の通り、その毒を浄化も処理も除去もできない、途方もない量の放射性物質は増え続けて残り続け、都合よく「特殊原子力施設」と定義した東電敷地内に仮置きされていきます。

「恐怖」から始まった、東電福島の事故との付き合いは、この国の政治、新聞（報道）、科学技術の、その何たるかを考察する材料となってきました。同時にその材料が、一人の人間に、人間としての尊厳を問い続けることになっています。人間としての時間をおろそかにしていないかどうか。

地震17年（2011年）3月17日（木）　とにかく現地へ

新免貢さん（宮城学院女子大学）が、「東北・関東大地震・大津波ボランティアセンター」を立ち上げることになりました

3月11日（金）夜、仙台の新免さんから、「……真っ暗です。水もガスも出ません。未曾有のできごとです」との連絡がありました。その後、断続的に連絡があって、相談の結果、3月14日（月）に、仙台で、新免さんを代表に「東北・関東大地震・大津波ボランティアセンター」を設立し、兵庫県南部大地震ボランティアセンター、兵庫教区被災者生活支援・長田センターなどで連絡、応援することになりました。以下、新免さんとの連絡で、得られた現地（仙台）の情報その他を列挙します。

3月12日（土）午前、新免さんあて郵便でメッセージと支援金を送付。（3月16日に新免さんの手元に）

＊――――――＊

新免貢先生

大きな地震、大きな津波の被害の様子に、ニュースに、耳を傾け、目を凝らして見つめています。大きな自然災害は起こり得ること、その結果の惨状を、時として人は引き受けるよりないことを、１９９５年の経験からも思っています。

たぶん、新免先生の宮城での仕事の関係者からも、この地震、津波の被災者になられる方があることを想像いたします。先生のことですから、そのすべてに全力で立ち向かわれることと思います。遠くにいますが、可能な限りの応援を致しますのでどんなことでも（救援資金、物資、人など）おっしゃってください。

御身体を大切にしてください。

今日、とりあえず、手元のお金を送金させていただきます。

宮城学院の関係者の皆様にもよろしくお伝えください。

２０１１年3月12日

西宮公同教会　菅澤邦明

3月13日（日）、携帯充電方法など、西宮で得られる情報を新免さんに伝える。

＊―――――＊

3月14日（月）午前、新免さんを代表に「東北・関東大地震・大津波ボランティアセンター」を設立、午後、仙台で銀行口座を開設、午後兵庫教区被災者生活支援長田センターが活動資金を送金。

3月14日（月）、大地震・大津波にともなって、原子力発電所の事故が発生していることから、小林圭二さん（元京都大学原子炉実験所）に、起こっている事故について問い合わせる。「……公表されている情報では、判断が難しい、情報が出せない状況、ないしは情報統制が行われているかもしれない」。

3月14日（月）、関西学院大学体育会本部が、にしきた公園その他で募金する件で、集まった募金の届け先、募金の届けなどについて話し合う。

3月14日（月）、にしきた商店街が救援募金を開始する。「にしきた商店街は、東北・関東大地震・大津波ボランティアセンター（代表・新免貢宮城学院女子大学教員）、兵庫県南部大地震ボランティアセンターと協力して、被災地・被災者を支援します」の募金箱（竹筒）を、個人店舗に設置し始める。

3月15日（火）、被災地（仙台）への先発隊を送るにあたっての、必要資材の確認と準備を始める。（被災地での交通手段をどうするかなど、人選も含めて準備中）。

3月16日（水）、勝村さん（神戸松蔭女子大学）、市川さん（長田センター）、宮本さん、菅澤で情報交換を行う。勝村さんからは……


イ・宗教者として、キリスト教諸教派、他宗教との連携が必要であること、短期的には、被災状況の把握、中・長期的には被災者支援の為に。

ロ・現地、仙台での新免さんの活動を支援する為の、人の派遣を検討する。

ハ・交通手段として、燃費のいい車の手配（現地ではガソリンが入手しにくい）。


3月16日（水）新免さんより、15、16日についての現状報告が届く。

3月17日（木）午前、小林圭二さんに、原子力発電所で起こっていることについて情報確認をお願いする。（別項）。

3月17日（木）、午前、新免さんより、改めて現状報告。現在（17日午前9時）、青葉区自宅近くのコープ桜ヶ丘店に並んでいる。行列約1000人。

16日（水）の行動について。東北教区センターで開かれた、東北教区の会議に陪席、柴田長田センター主事も陪席。「支援は、教会・教区に限定するものであってはならない」ことを強く発言。新免さんが代表のボランティアセンターは連携する形で、連絡・協力し合う。東北教区センター宣教師（宮城学院女子大学非常勤）ジェフリー・メンセンディクさんと、東北大学生に協力してもらい、仙台市役所、宮城県庁の情報集めを行っている（学生2人は、それぞれに常駐）。仙台市役所、宮城県庁も避難所になっている、避難者の様子（固形スープはあるがお湯はないなど）についても報告もあった。

新免さんには、現地に派遣した人の宿泊の手配などを依頼しているが、更に、自転車を手に入れることも依頼。

勤務先の大学は、立ち入り禁止になっている。理由は、外壁の損傷は少ないが、教室の天井が落ちていたり、窓枠がゆがみ、ガラスが割れていたりする。卒業式は中止、以後は未定。

東北大は卒業式は中止、２０１１年度は5月再開を決定している。

仙台北教会の油谷さんは、知人の安否等を知りたい為、名取を訪ねたが、惨状に言葉もなかった。

これだけの情報では……分からない

原子力発電所の事故について、小林圭二さん（元京都大学熊取原子炉実験所）に聞きました

小林さんには、２００３年のイラク戦争の時、イラクの原子力施設が、米軍の空爆などによって破壊された結果の放射能の問題について、西宮で講演してもらったことがあります。

３月14日に、改めて３月17日に、東京電力福島原子力発電所の事故について、小林さんに聞きました。

①　福島第1原発３号機、４号機の使用済み核燃料について

イ・処理が間に合わなくて、詰め過ぎの状態にある為、一層冷却が必要である。

ロ・冷却が必要な使用済み燃料の冷却ができなくなっている。

ハ・使用済み核燃料で一番危険なことは、プルトニウムが大量に含まれていること。

ニ・プルトニウムは「重い」為に簡単に飛び散らないが、もし爆発が起こると、広範囲

に飛散、もし吸収したりすると肺ガンの原因になる。

ホ・冷却が進まない場合、中性子吸収盤が溶け出す可能性があり、臨界を止めにくくなる。

②原子炉と原爆の違いについて

イ・福島原発級原子炉の出力100万キロワットの場合の、年間の「死の灰」の発生量は、1年間の運転で、広島級原爆の約1000倍。

ロ・原爆は瞬間的な核反応によって起こる熱エネルギーで殺傷力を高くしている。

ハ・原子力発電所の事故の最大の危険は、桁違いの「死の灰」とその拡散。

③事故とその後を難しくしていることについて

イ・全ての「電気」系統が故障している為に、事故の状況把握が難しくなっている。

ロ・もちろん「照明」も壊れているので、原子炉施設内が真っ暗である。

ハ・電気系統が壊れているので、原子炉の様子を調べる「計測」がすべて不可能になっている。もちろん制御も。

④すべての状況が「限界」に達しつつあること。

イ・冷却に失敗した場合、炉が溶融して炉を溶かし「2800℃の燃料」が流れ出したりすれば、高濃度の放射能が露出汚染することになる。

ロ・溶融した核燃料が、原子炉容器下部の水と触れた場合、水蒸気爆発が起こり、容器を壊し、「死の灰」を空中に拡散させることになる。

⑤　現在とられている対応「バシャッと水をかける」ことで、原子炉、核燃料を冷却させる以外にない。

小林さんには、これからも状況を見ながら、事故について教えてもらうことになっています。

地震17年（2011年）3月20日（日）　子どもと妊婦は逃げなくては！

何ができるのか、できそうなことは何かを考えています

・避難する必要がある人を、受け入れる準備を始めています。中でも、被災地で生活し続けるのが大きな負担になる人の、情報を集めてもらっています。受け入れる準備も始めています。

・妊婦（胎児）・幼児・子どもの避難を受け入れる準備を始めています。

イ・東北・関東方面からの交通手段の確保、及び交通費などの準備。

ロ・介護等が必要であればその手配。

ハ・受け入れてもらえる家庭を募集する。受け入れる施設の確保。

ニ・避難してきた子どもやお母さんの当面の支援体制づくり。（西宮公同教会の場合、教会が管理する住宅などで、数組の子どもとお母さんの避難を受け入れることが可能である。ＮＰＯ法人・人と人および人と自然をつなぐ企画も応援することになっています）

地震17年（2011年）3月25日（金）「外」の世界と比べ、仙台は静かでした

24日午前、山形を経由して仙台に来ています。（同行は、広島大学2回生の徳田博明君）。被害を受けた仙台駅、駅前の歩道橋の工事の為、周辺での移動はうんと遠回りをせざるを得なくなっています。地震から13日経って、仙台の中心の商店街は、閉店のままの店がまだ多いにもかかわらず、たくさんの人たちが行き来しています。飲食店の店頭のテーブルには、４００〜５００円の弁当が並べられています。３〜4日前には、７００円〜１０００円で売られていたそうです。「起こった地震・津波の驚きや恐れ、その後の生活の困難から、少し解放されてほっとした人たちが、24日には、いつもより多く街に出てきているんですよ」と、仙台の街を案内しながら、新免さんがおっしゃっていました。ただその様子は、「外」の世界で大騒ぎになっている福島第一原子力発電所のことでは、考えられないくらいの落差を感じさせるように思えました。

短い仙台での滞在で、被災し避難している人たちの支援の手伝いと、その間の宿泊で世話になる「エマオ」に案内してもらい、持って行った荷物を置かせてもらいました。とりあえずのぞくことになった県、市の対策本部は、街の人たちと似た様子で、ここでも「外」の世界で大騒ぎになっている様子は、大きな落差を感じました。訪ねさせていただくことになった、二つの避難所のうちの一つでは、避難者たちが何枚もの毛布にくるまっていました。その人たちの様子は、この日に終了式を迎える平常の学校の中で、そこだけが特別の世界のように思えました。もう一つの避難所になっている学校の体育館では、4分の3くらいが卒業式の場所として準備が終わっていて、その後で20人くらいの人たちが輪になって話し合っている様子でした。

この日の昼食は、県庁向かいの店を開けているといわれる数少ない喫茶店で、唯一のチキン定食+セルフサービスのコーヒーにしました。コーヒーサーバーの隣りには、義援金をお願いするカゴが置かれてありました。定食が1品しかないことや、セルフサービスのことを釈明する店の人は、とても謙虚に見えるのですが、少なからず違和感もありました。驚いたり、恐れるような大きな出来事の体験で、人が自分のどこかに持っている柔和さが露わになる、ということなのかもしれないという意味で。

新免先生に案内して頂いた職場の宮城学院女子大学は、表面的にはともかく、のぞいてみるといたるところでそれが大きな地震であったことを物語っていました。3階の二つの教室では、机が横に大きく揺れた様子がそのままで、更に、机の上、床に、被ることのなかった「角帽」、着用することのなかった「ガウン」が散乱していました。

宮城学院からエマオまでは、新免さんに用意してもらっていたマウンテンバイクで帰りました。途中、雨で立ち寄ったコープは、パンなどの軽食の棚はすべて空っぽでしたが、米、使い捨てカイロが棚に残っていましたから、街の様子同様、少しずつ平常の生活に戻っているように思えました。夕食は、エマオから駅の方に歩いて見つけた、ラーメン屋で食べました。水、電気はあるものの、ガスが止まったままの仙台で、多くの飲食店は営業が難しくなっていますが、ここはすべて新品と思われる電磁調理器を使っていました。

小林圭二さんに質問しました

24日午後9時、約束していた小林圭二さんと原子力発電所のことでの三度目の電話をすることになりました。聞かせてもらったのは、以下の4点です。

① 24日時点での全体状況
② 断片的に聞こえてくる強い放射線の数値
③ 24日に起こった、東京電力作業員（社員ではない）の173〜180ミリシーベルトのβ線被曝
④ 野菜、牛乳などで問題になっている放射線汚染の経路

①については、放水などによって冷却する一定の効果はあったとしても、終息に向かっているとは考えにくい。理由は、1、2、3号機ともに、炉内部のことが全く伝えられていないし解らない。

②3号機（たぶん）のことで伝えられた、500ミリシーベルトは、計ったその時なのか、積算された数値なのか解らない。計ったその時に数値が500ミリシーベルトだとすれば、異常に高い数値の放射線である。

③事故が起こったのは3号機地下のタービン建屋。タービン建屋は、平常運転の時には炉内の燃料の中を通ってきた水がそこまで来ているから、必ず少しは放射能をおびているが、作業員が被曝した175〜180ミリシーベルトということはあり得ない。地下のター

ビン建屋に強い放射線量の水がたまっていて、冷却の為に放水した海水が、建屋のどこかのすき間から入った。使用済みの燃料の入っている管が破損して炉の外に溶け出し、それが地下のタービン建屋にたまっていて、作業員が被曝した。事故の起こった原子炉で、放射線管理をしながら作業をしていれば、起こらなかった大事故である。（たとえば、東京都消防庁の3号機への放水の時は、計測しながら30ミリシーベルトを上限に作業が進められた）。東電の電気の修復工事に際しては、その体制が取られていない。β線による被曝は、透過力はないが、皮膚に付着した状態で、ふれたその部分が熱傷になる。

④福島、茨城県の牛乳の中に放射線が検出されているのは、空気中に飛散した放射能が、牛の飲む水に凝縮された、高い数値になっていると考えられる。

小林圭二さんには、原発事故について静かな仙台の様子を伝えました。驚いておられました。

子どもたちを事故のあった原発から出来る限り遠くに避難させる提案をしています。午後9時30分から、エマオで行われていた東北教区被災者支援センターのミーティングに参加させてもらいました。

検討されている、石巻でのボランティア派遣については、慎重であるべきだと発言をさせてもらいました。泥の除去作業には、それに携わったボランティアの支援（仮設トイレ、温水シャワーなど）の体制が整わない限り、現状では難しいからです。しかし、29日を目途に、ボランティアを呼びかけることが決まりました。

24日、家族の介護で仙台にいた大平さんのお母さんのところに「ものはほぼ足りている」とおっしゃっていましたが、徳田君が西宮からの救援物資を少し届けました。

仙台での課題である、「子どもたちを、事故のあった原発から出来る限り遠くに避難させる」ことについては、旭ヶ丘幼稚園園長の早坂さん（西仙台教会牧師でもある）に、電話で話し合うことができました。25日以降、お会いする予定ですが、小人数であっても、具体化できそうなことを探っているところです。

地震17年（2011年）3月26日（土）

＊――――――――＊

海外から見た福島原発の惨状

大地震・大津波救援ボランティアセンター長　新免貢（宮城学院女子大学教員）

原発問題は机上の議論のテーマではなくなった。大地震の破滅的な力による福島原発の異常な放射能漏れは、今緊急に日本社会が具体的かつ真剣に対応しなければならない焦眉の急を告げる事態である。戦後日本のパートナーであり続けてきたアメリカ合衆国側の代表的メディア『ニューヨークタイムス』の3月25日付記事「日本の危機」(Crisis in Japan)は、健気に苦難に耐えて人々が復興へと動き出したことを印象づけようとする国内のマスコミの論調とは違った目で、原子力専門家の意見を交えながら放射能漏れの深刻な様子を伝えている。

この記事によると、日本政府側は、原発から12～19マイル（約20～30キロメートル）の避難を勧めているが、合衆国は、少なくとも、その約3倍の50マイル（約80キロメートル）以上の避難を勧告するそうである。また、米国の元原発技師ミカエル・フリードランダーは、材料の劣化が放射能漏れの原因の一つであると述べ、海水による原子炉冷却作業はさらなる危険を引き起こすと指摘する。同じ『ニューヨークタイムス』の関連記事「依然として明らかではない日本のインフラ被害の範囲」（Extent of Damage to Japan's Infrastructure Still Unclear）では、日本政府は被害の実態に関する情報を制限しているように見受けられると指摘されている。また、カリフォルニア大学バークリー校の建築学教授スティーブン・マーヒン（太平洋地震工学研究センター所長）は、現地に行きたいのだが、大学側が旅行保険契約を取り消したと述べている。同教授は、次週にでも行けると思っているが、恐らく、福島原発から140マイル（約220キロメートル）離れた東京に留まることになると述べている。彼によれば、福島原発の調査をするだけでも危険であり、それがわれわれの承知している危険である。

古代以来、朝鮮半島や中国大陸との豊かな交流と列島各地の地域的特徴に支えられて歴史を刻んできた日本に居住するわれわれ一人ひとりが今、地球規模になりつつある放射能汚染にさらされていることは否めないように思われる。

幼児の県外避難も始まりつつある。私にさえ、関西に戻ることを勧める声があるほどである。こういう大きな問題は、原発支持派の研究者や政策立案者に任せてはいけない。

＊――――＊

地震17年（２０１１年）３月28日（月）被曝の基準ってなんだったんだ？

「経済産業省原子力安全・保安院と東京電力は27日、福島第一原子力発電所の2号機タービン建屋にたまった水の表面から、毎時１０００ミリシーベルト以上の強い放射線量を計測したと発表した」（２０１１年3月28日、朝日新聞）。ここは東京電力が原子力発電所を復旧させる為に、そこに作業員を入れて作業させなくてはならない、最重要拠点の一つと言われています。24日には、そこで３人の作業員が、β線熱傷で被曝をした場所です。作業にあたって、作業員の被ばく線量の上限は、「今回の作業の為に１００ミリシーベルトから２５０ミリシーベルトに緩和」されています）。（前掲、朝日新聞）。

「緩和」された被曝線量の上限が２５０ミリシーベルトだとして、２号機タービン建屋で仕事できるのは、15分以内です。

確か、３月21日に東京消防庁の隊員の、３号機に放水する為の作業の時、隊員の被曝の上限は、30ミリシーベルトとされていました。その時の最大の被曝量は27ミリシーベルトでした。そのことを報告する記者会見で、隊長は「……（隊員の）家族に申し訳ない……」と言って、言葉をつまらせていました。30ミリシーベルトでもなく、27ミリシーベルトでも危ないのが放射線であること、そして「放射線の恐怖を熟知しているから……」とも言っていました。なのに、原子炉復旧のカギを握る外部電力の復旧作業の現場の水の表面の放射線は、１０００ミリシーベルト以上で、そこで作業する人の被曝線量の上限は１００ミリシーベルトではなく、緩和されて２５０ミリシーベルトなのだそうです。そこで作業している人たちに、家族はいないのだろうか。というような場合の、放射線の名称や数値があれこれ発表されています。（以下①～③は朝日新聞）。

①　１、３号機のタービン建屋内の放射線量が、原子炉の平常運転の１００００倍、２号機は１０００００倍。（この場合の平常は、宮城県の原子力安全対策室を通して、東北電力に問い合わせてもらったところ、１・１×10^{-2}／ベクレルだとのことでした）。

②　３号機で測定された、放射線ヨウ素１３１は、１㎠あたり３９０万ベクレル。（たとえば、牛乳、水などでヨウ素１３１が検出されたりすると、「自粛」・「不適」となったりするのは、１リットルあたり大人３００ベクレル、乳幼児は１００ベクレル）。

③　事故の原子炉近くの海水からは基準値の、25日は1250倍、26日には1850倍のヨウ素が測定されている。

こうして発表されている放射線や核種の種類や数字は、その都度必ずしも正確ではないようです。「ヨウ素131が通常の炉内の1000万倍」は「誤報」だったそうです。「コバルト56」や「セシウム134」などと二転、三転しています。

これらの放射線と測定されている数値は、「安心」できるものではありません。それはチェルノブイリ原子力発電所の事故の場合の数値と近いからです。放射線の影響などは全く違いますが、チェルノブイリの事故の時の「セシウムによる汚染が1～3キュリー（1平方メートルあたり、35000～100000ベクレル）というレベル……」と言われたりする数値と似てきているのです（Z・A・メドヴェジェフ著、吉本晋一郎訳『チェルノブイリの遺産』）。

その放射性物質ですが、ヨウ素131は、甲状腺に蓄積、セシウム134は胎盤に蓄積、ストロンチウムは、白血病を誘発します。

地震18年（2012年）1月15日（日）　放射性物質が目の前にある生活

東京電力福島第一原子力発電所の事故で放出された放射性物質で汚染された「福島」では、生活の多くのことがそのことの関連なしには成り立たなくなっています。

たとえば環境省は、福島県の要請で県内のコンクリートがれきなどの災害廃棄物について、県内で道路や鉄道の線路、防潮堤などの建設資材として再利用する際の基準をまとめています。

「放射性セシウムの平均濃度が1キロあたり3000ベクレルまでなら、アスファルトや砂利、コンクリートなど別の資材を表面から30センチの厚さでかぶせることを条件に、再利用が可能」としました（12月26日、福島民報）。「同省は、汚染されたコンクリートがれきを道路に再利用し、近くに住んでいる子どもが1年間、継続して被曝するケースを想定。日本原子力研究開発機構のシミュレーション結果に基づき、追加被曝を年間10マイクロシーベルト以下に抑えるための基準を示した」「放射性セシウムが地下水に移行し、飼料や畜産物を経由して人体に取り込まれる可能性については、1キロあたり1万ベクレル以下なら追加被曝線量を年間10マイクロシーベルト以下に抑えられるとのシミュレーション結果を引用した」(同、福島民報)。福島県で発生したとされる震災がれきは、約400万トン、建築材として再利用できるコンクリートがれきなどが300万トン、その処理が放射能汚染で停滞しているため、再利用の道をつけるために示された基準が「放射性セシウムの平均濃度が1キロあたり3000ベクレルまで」です。再利用の条件として、別の資材をかぶせたとしても、放射能の放出を止めることはできません。その為に示すことになったのが日本原子力研究開発機構のシミュレーションです。別の資材をかぶせても防ぎ切れず、地下水に「移行」したりして、大気中・環境に放出されてしまった放射能が消えてなくなることはあり得ない「震災がれき」を道路などの建築資材として再利用したとして、「……近くに住んでいる子ども」の場合でも、追加被曝線量が年間10マイクロシーベルト以下なら、利用は可能だという基準であり方針です。そんなことをシミュレーションしている「管理された状態での災害廃棄物(コンクリートくず等)の再利用について」(平成23年1月27日、環境省)において、「管理された状態での災害廃棄物の再生利用の方針」が述べられています。そこでは、「なお、ここで示す方針は、被災地における災害廃棄物を、発生現場の近くで十分な管理の下に利用する場合の考え方を示すものであり、広く無限定に流通が認められるクリアランスレベルの考え方とは全く異なるものであることを留意」と、但し書きされています。

たとえば福島では、土壌の放射性物質を検査し、５０００ベクレル以上（1平方メートル）の水田作付けを禁止したにもかかわらず、国の暫定基準値（1キロあたり５００ベクレル）を超える放射性セシウムの検出が相次いだ福島県は、県産米の全量（全袋）検査体制を２０１２年度から実施することになりました（２０１２年1月5日、福島民報）。

福島県で玄米に含まれる放射性セシウムが暫定規制値（５００ベクレル／キログラム）を超えたこれらの水田の緊急調査が実施されたその中間報告が発表されています。「暫定規制値を超過した放射性セシウムを含む米が生産された要因の解析（中間報告）」（平成23年12月25日、福島県／農林水産省）。たとえば、暫定規制値を超過する放射性セシウムが検出された水田土壌の濃度は、２３２１~１１６６０ベクレル／キログラムとなっています。「５０００ベクレル以上（1平方メートル）の水田作付け」を禁止したにもかかわらずです。緊急調査では、「土壌の放射性セシウム濃度が５０００ベクレル／キログラムを超える地点でも、米の放射性セシウム濃度が暫定規制値を大きく下回る事例」も報告されています。空中を浮遊し、地中にもぐりこんでしまう放射性物質は、一旦大気中・環境に放出されてしまった時、人間の規制の力は及ばないのです。その結果が、福島県の２０１２年度産米の全量（全袋）検査体制です。

既に放射性物質の検出で、多くが倉庫などで保管されている、福島県の２０１１年度の米の生産は35万6千トンと言われます（同、福島民報）。生産された米が米として流通し食べられるための安全を保証するために、福島県産米の全量（全袋）検査が避けられなくなっているのは、東京電力福島第一原子力発電所の事故のせいです。福島県産米全量（2011年度の実績で35万6千トン、約1千200万袋）を検査するのには、「1台4百万円」の機械が数百台必要になるとしても、農業県福島は、米の安全を保証する為にそれをせざるを得ないのです。そうして検査した米袋一つひとつに、「放射性セシウムの濃度を知らせるQRコード」をつけて市場に送りだしたとしても、その米は消費者は受け入れるのだろうか。福島は、米を作付けするかどうかで苦悩し、生産された米の検査に追われて苦悩し、結果的にその米が消費してもらえるかどうかで苦悩するという、二重三重の苦悩を原子力発電所の事故は背負わせることになってしまいました。

福島では、「給食用食材の放射性物質検査を独自で実施する自治体が増えているが、機材不足や手法のばらつきなど不安払拭ができない」状況になっています。

農業が基幹産業である福島県で、学校給食の食材は「地産地消」が目標・課題でした。東電福島の事故の後も、それを変えてしまうことは難しく、現場では給食及びその食材の放射性物質検査で対応しようとしてきました（1月10日、福島民報）。しかし、「機材不足などで（検査は）使用する食材の半分で、給食に供された後でその結果が解るなどのことが続出」しています（同、福島民報）。子どもたちが福島で生活して、福島産の食材で学校給食を食べる時、含まれている放射性物質による内部被曝を避けるために実施されるのが、給食、給食食材の放射性物質検査です。福島の子どもたちが福島産の食材の給食を食べる限り、検査済みであれば基準内の放射性物質、検査が間に合わなければ放射性物質の量が不明なままそれを体内への取り入れを避けられなくなっているのです。

追加放射線量年間1ミリシーベルトを超える地域が8県102市町村に及ぶことになり、そこで生活し続けるために国による除染が決まりましたが、除染のために削り取った土壌などの仮置き場の確保のために、事故の原子力発電所から近い双葉郡に中間貯蔵施設の設置が現実になろうとしています（1月9日、福島民友）。事故で原子力発電所の中に閉じ込められなくなった放射性物質は、その毒性を保ったまま大気中・環境を浮遊、移動し続けることになります。放射能で汚れた家屋、道路などを高圧水で除染した時の水は排水溝、小、中、大の川に流れ込み、更に海に流れ込みます。阿武隈川の場合、毎日500億ベクレルが太平洋に流れ込んでいます。除染で削り取られることになった高濃度に汚染された土壌の処理などは、仮置き場、中間貯蔵施設、永久保存施設などが整備されて初めて可能になります。除染したとしても、決して消えることのない放射能の毒は、場所を変えて毒であり続けます。そんなものを、福島以外の誰も敢えて預かるはずはありませんから、結果的には東電福島の事故の放射能で汚れた福島県双葉郡、要するに事故の原子力発電所の地元に、とりあえず中間貯蔵施設を設けさせてしまうことで、先に進めようとするのが「首相が双葉郡に設置要請」です（同、福島民友）。

東京電力福島第一原子力発電所の事故で、大気中・環境に放出されることになった放射能は、8県102市町村に「除染」が必要なくらい大量に降り注ぐことになりました。「事故後4ヶ月間で、福島県に降った積算値は1平方メートルあたり683万ベクレル」（12月15日、朝日新聞）。多かったのが原子力発電所の福島県双葉郡、飯舘村、福島市、郡山市などでした。その福島は、生活のすべてに置いて放射能の被曝が避けられなくなっています。環境中のありとあらゆるものが降り注ぐ放射能に汚染されることになった福島では、震災がれきも、米も、（学校）給食、食材も、除染した土壌も、生活のすべてが放射能で脅かされ、脅かされ続けることになっています。

地震18年（2012年）1月26日（木）　私たちは、毎日、セシウムを食べています

家庭で1日の食事に含まれる放射性セシウムの量は、福島では3食で4・01ベクレル、関東地方で0・35ベクレル、西日本ではほとんど検出されないことが、朝日新聞に掲載さ

れた、京都大学・環境衛生研究室の調査で解りました。「1日の食事から取り込むセシウムの量は、福島県内に住む26家庭で中央値は4・01ベクレル（最大値は17・30ベクレル）」（1月19日朝日新聞）。この調査結果「福島県内に住む26家庭で中央値4・01ベクレル」は、「2012年4月から適用される国の新基準で超えないように定められた年間被曝線量の40分の1」に留まっていて、調査した京都大医学研究科の小泉昭夫教授によれば、「健康影響を心配するほどのレベルではなかった」ということになります（同、朝日新聞）。

この調査で明らかになったことは、西日本（西宮など……）だと、どんな食事の場合も検出されることのない放射性セシウムが福島の場合、普通の食事をするだけで子どもでも大人でも、1日3食で4・01ベクレルの摂取を覚悟しなくてはならないことです。誰かが「……直ちに健康被害の心配はない！」と言ったりしても、福島の多くの人たちは心配で、食べるもの（食材）を選んだりした結果の1日3食4・01ベクレルです。調査結果の1日3食で4・01ベクレルは心配して食材などを選んだ結果の被曝線量です。そして、たとえば避難地域となっている双葉郡の8市町村や飯舘村などは、この場合の福島の調査対象にはなっていません。1日3食で4・01ベクレルは、福島でも比較的「安全」な福島の、心配で食べるもの（食材）などを選んだ結果の、1日3食で4・01ベクレルなのです。

福島県は、東京電力福島第一原発事故を受け、2011年4月1日時点で18歳以下の全県民約36万人を対象に、生涯にわたって甲状腺検査を決め、検査が始まっています。「2014年3月末までに、1回目の検査を終え、以降は20歳までは2年ごと、21歳からは5年ごとに調べる」「検査は、全福島県民の放射線の被曝量などを調べる県の県民健康管理調査の一環で実施される。チェルノブイリ原発事故後の調査で、小児の甲状腺ガンの増加が認められたことから実施を決めた」（2011年10月9日、読売新聞）。

以上のような状況にある、18歳以下の福島県民に、「……今月（2012年1月）に来県した野田佳彦首相は、18歳以下の医療費無料化について政府内で検討することを約束していた」（1月23日、福島民報）のですが、「政府は22日までに、東京電力福島第一原発事故を受けて県が求めている18歳以下の全ての医療無料化を見送る」ことにしました（同、福島民報）。「野田政権は必要経費を年100億円弱と試算したが、医療費が膨らむ可能性も指摘されていた。検討した結果、無料化で増える受診に対応する医師の確保が問題点として浮上。県外との公平性からも難しいと判断した。復興対策本部の幹部は『風邪などの医療費も含めて福島だけ無料にする説明がつきにくい』と話す。」（1月22日、朝日新聞）。

東電福島の事故から10ヶ月余り、生活のあらゆる場面で、放射能にさらされてきた18歳以下の福島県民（子ども）に、その健康被害が懸念されることから、長期にわたる健康調査が決まり、既に実施されています。そうして健康被害が懸念されるから、医療も特別の配慮が必要であるということで検討されることになったのが、無料化です。しかし、検討はされたものの見送られることになりました。理由は、①増える受診に対応する医師の不足、②風邪などの医療費（一般の医療費?）も含め福島県だけを無料にすることの不公平、などです。東電福島の事故から10ヶ月余り、18歳以下の福島県民（子どもたち）も、生活のあらゆる場面で、放射線被曝を余儀なくされてきました。たとえばその一つが、1日3食4・01ベクレルだったりします。文部科学省は放射線被曝による子どもの健康被害が懸念される上限を年間20ミリシーベルトとしてきました。ここでは、たとえば「放射線飛跡が1本通過した体幹細胞や生殖幹細胞のうち、およそ3分の1が死んでしまうか突然変異を起こす」とする、「バイスタンダー信号伝達に関する最近の研究」（『放射線被ばくによる健康影響とリスク評価――欧州放射線リスク委員会（ECRR）2010年勧告』、山内知也監訳、明石書店、2011年）などについては全く考慮されていません。更に、18歳以下の福島県民（子ども）の医療費を無料化するのは、上記の文部科学省の見解を自ら否定することにもなりかねません。という、いくつものことが背景にあって、他のどこの子どもたちよりも、放射能による健康被害が懸念される福島の子どもたちの、医療費の無料化は見送られることになりました。長期にわたる、健康調査だけは実施されます。放射能による健康被害が懸念されるからです。

地震18年（2012年）1月31日（火）　汚染で生きる場に線が引かれました

環境省は、東京電力福島第一原子力発電所の事故で、国の直轄で放射性物質の除染をする除染ロードマップを公表しています。「国の直轄で放射性物質の除染をする福島県の警戒区域と計画的避難区域の除染ロードマップ（工程表）を公表した」「地上から高さ1メートルの放射線量が年間50ミリシーベルト以下の地域は、2014年3月末までに作業を終えて居住可能な20ミリシーベルト以下にする。50ミリシーベルトを超える高い線量の地域は、『今の除染技術でそこまで下げるのは困難』として、断念することを視野に実施時期の明示を見送った」（1月27日、朝日新聞）。

原発から約20キロ圏が警戒区域で、南相馬市の一部、葛尾村、飯舘村のほぼ全域、川俣町、伊達市の一部が計画的避難区域になっています。これとは別に、避難した住民がもとの居住地に戻ってもらうために、その地域の年間追加被曝線量を計算し、年間20ミリシーベルト以下を避難指示解除準備区域、20ミリシーベルト超50ミリシーベルト以下を居住制限区域、50ミリシーベルト超を帰還困難区域とし、今回公表された除染作業の工程表は、年間被曝線量が50ミリシーベルト以下の「避難指示準備」「居住制限」の両区域を優先して除染作業を行うというものです。工程表は、避難指示準備区域、居住制限区域の「除染の目標」を「年間10ミリシーベルト以上の地域については、当面、年間10ミリシーベルト未満になることを目指す」としているのは、東電福島の事故の後、国際放射線防護委員会（ＩＣＲＰ）の勧告の「合理的に達成できる限り低い」被曝線量として「事故収束の復旧期は、年間1～20ミリシーベルトを超えないようにする」が根拠になっています（『放射線について考えてみよう／小学生のための放射線副読本・解説編（教師用）』、文部科学省、平成23年10月）。「がんリスク上昇との因果関係があるとされるのは、積算被曝線量が１００ミリシーベルトになった場合。単純計算では、年10ミリシーベルトの地域で10年間生活すれば超過する可能性がある」（1月27日、福島民報）という計算も成り立ちますが、目標は年10ミリシーベルト以下です。

避難指示解除準備区域、居住制限区域の除染が、「平成25年度内に完了」するというのが、「除染特別地域における除染の方針（除染ロードマップ）について」（平成24年1月26日、環境省）です。「工程表発表にあたり環境相は、26日夕『世界でも例のない試みで、わが国の底力が問われるが、さまざまな壁も必ず乗り越えることができる』と述べ、帰還実現へ決意を示し」たりしています（1月27日、福島民報）。

しかし、どんな除染の数値を示し、決意を表明したりしても、放射性物質の除染が難しいのは、その物質そのものを消去するどんな技術も手段も人間は持ち合わせてはいないからです。

事故の原子炉を冷やすために注水される大量の水は、そのまま大量の汚染水となって漏れ出し、再び原子炉の「循環注水冷却」に使われますが、その時の「浄化」で大量の放射性物質が生まれ、それはそのまま溜めるしかなく、そのカートリッジが増え続けています。カートリッジの放射性セシウムは、どんな処理方法もなく、そのまま増え続けているのです。

同じように、除染作業の工程表が公表され、その為の除染のガイドラインとして発表されている『除染関係ガイドライン』(平成23年12月、第1版、環境省)を読めば読むほど、そして当然と言えば当然のこととして、除染の難しさ、人間が放射能と共存する生活を生み出してしまったことの困難・悲劇が明らかになっています。

たとえば、『除染関係ガイドライン』第3編、「除去土壌の収集・運搬に係るガイドライン」の「2・除去土壌の収集・運搬のための要件(1)飛散、流出、漏れ出し防止のための要件」では、「放射性物質の飛散については、除去土壌を土のうやフレキシブルコンテナ、ドラム缶などの容器(以下、「容器」と呼びます)に入れることや、シート等によって梱包すること、もしくは有蓋車で運搬することにより防止することができます」とありますが、除染・除去した高濃度の土壌を、その程度の「容器」に入れることで、放射性物質の飛散を防げないのは、その程度の「容器」を簡単に透過するのが放射能だからです。それをもし「有蓋車」で運搬するとすれば、その有蓋車が著しく汚染されることになります。更に、大量の汚染された土壌が詰め込まれた「容器」の行き先は、あったとしても仮置き場で、その仮置き場も汚染されてしまいますから、工程表が公表されても、除染関係ガイドラインが示されても、仮置き場もなかなか決まりません。

放射性物質が大気中・環境に放出されてしまった時、それを消去するどんな技術も手段も人間は持ち合わせていないとすれば、「除染」は放射性物質を移動させているにしかすぎません。原子力発電所の事故が突きつけているのは、そんな事実であり、あらゆる人間としての営みが、そこから問われています。考えること、書くこと、信じるということなどのすべての営みが問われざるを得ないのが、東電福島の事故です。

地震18年（2012年）2月1日（水）（1月27日、福島民友）帰還する　帰還できる？

避難指示解除準備区域、居住制限区域の除染について、環境省は「除染平成25年度内完了」として、その工程表を発表しています。そして「除染平成25年度内完了」は、そのままそれらの地区、市町村への避難している人たちの「帰還」が可能になることを意味するのだそうです。細野環境相は、工程表を発表するにあたり、帰還実現への決意を表明しています。

「除染工程表の発表に伴い、細野豪志環境相は26日夕、『世界でも例のない試みで、わが国の底力が問われるが、さまざまな壁も必ず乗り越えることができる』と述べ、帰還実現へ決意を示した。環境省内で記者団に語った。」「同相はこの中で、工程表について『当初は年度末ぐらいということでやってきたが、市町村からの要望があったので、大幅に前倒しして（除染の）基本的な考え方をまず示した』と説明。今後市町村と協議しながら、今年度末を目途に特別地域内の除染実施計画を発表する考えを表明した。」「双葉郡内に要請している汚染土壌などの中間貯蔵施設の建設が、工程表の成否の鍵を握っていることについては、『近道はないので（地元に）丁寧に説明していく。具体的に話し合いをしていただけるという段階で、こちらとしてもいろいろな考え方を提示しなければならないので、そうした準備をしている』と述べた。」（1月27日、福島民報）。

除染工程表発表にあたっての決意で「世界でも例のない試み」と細野環境相が述べたとすれば、それは正真正銘間違いではありません。１９８６年のチェルノブイリ原子力発電所の事故では、除染は試みられますが、55・5万ベクレル（1平方メートル）を超える汚染地域は、強制移住になりました。しかし、東京電力福島第一原子力発電所の事故で、放射能が降り注ぎ、積算値が55・5万ベクレルを超えている、郡山市、福島市、伊達市の一部でさえ、そのまま人は住み続けています。そこは、この度の工程表の直接国による除染が優先される「避難指示解除準備区域」でさえありません。しかし、55・5万ベクレルを超える放射能が測定されるのに、当たり前に人間を生活させ続けることこそが、「世界に例をみない試み」に他なりません。それなのに、そんな場所に国民を住まわせ続けて、出来るはずのない除染、そして帰還の決意を、「我が国の底力が問われる」と力んでみます。しかし、我が国に、どんな底力があったとしても、大気中・環境に放出されてしまった放射能を取り除くことは不可能です。たとえば放射性セシウムは、それが半減するまでには30年間待つよりほかに、どんな人間的な手立ても無効だからこそ、それは大気中・環境に放出してはならなかったはずです。どんな国のどんな人間の底力を持ってしても及ばないのが、放射能による汚染です。ですから「さまざまな壁も必ず乗り越えることができる」は、放射能汚染に関する限り、ただの絵空事、強がりに過ぎません。原子力発電所、原子炉は決して壊れることが無いことを前提、条件として建設されてきたのは、壊れた時の放射能には、打つ手が無いことが解っていたからです。

ただの絵空事、強がりで口にしている「さまざまな壁も必ず乗り越えることができる」工程表も、その工程表を具体化する「除染関係ガイドライン」（平成23年12月第1版、環境省）も、最初からほころびを露呈しています。元々が警戒区域であったり、計画的避難区域である地域を、除染することでたとえば避難指示解除準備区域と言い換え、そこへの帰還をにおわせるのですが、「除染関係ガイドライン」で、除染の具体例を示せば示すほど、おのずとその難しさを露呈してしまいます。住宅などの生活圏では、手作業による拭きとり、あるいは「タワシやブラシによる洗浄を適用」しても限界があって、結局多くの場合洗浄に頼らざるを得ないのが除染です。しかしそうなると、「洗浄等による排水による流出先への影響を極力避けるため、水による洗浄以外の方法で除去できる放射性物質は可能な限りあらかじめ除去する等、工夫を行うものとします」とならざるを得ないのが放射能による汚染です。

同時に、除染する作業でも被曝することになりますから「除染作業を行う際は、作業者と公衆の安全を確保する為に必要な措置をとる」ことも必要になります。要するに、すみやかに徹底して放射性物質というものは除去、除染しなければならないにもかかわらず、そうはできないのが放射能による汚染です。放射能の除染という、世界でも例のない試みは、多分我が国のどんな底力を持ってしても、たぶんその初歩的な壁さえ乗り越えることが難しいのは、相手の方がはるかに巨大な毒物だからです。

なのに、細野豪志環境相は、除染の最初の第一歩を踏み誤っているのに、「（除染）の基本的な考え方をまず示した」と言ってはばかりません。放射能の除染は、その毒の場所を移すに過ぎないのは、たとえば放射性セシウムの毒は半減するのに30年間かかってしまうからです。そうして半減する時に、どんな人間的な力も無力であり、ただそれを待つよりありません。その毒は、何処に移しても、移した場所を汚染します。ですから、除染をする時に、除染した毒の置き場所の問題で立ち往生することになります。その為の苦肉の策として持ちだされたのが「仮置き場」です。しかし、その仮置き場は、除染で濃度が高くなった放射能で汚染されますから、あくまでも仮置き場で、更にその先の置き場所として同じく苦肉の策で持ちだされたのが「中間貯蔵施設」です。しかし、大量の汚染物質が持ち込まれる中間貯蔵施設は、更に大量の放射能で汚染されますから、どこかに移さなくてはならなくなります。除染は、そのことで生まれる放射性物質の置き場所が大問題なのに、細野豪志環境相の「基本的な考え方」は、そして「必ず乗り越える」と表明していることの中身は、放射性物質をあれこれ移し換えて、それが大量になって、大量になった更に毒性の高い放射性物質を、結局のところ、どこかに押しつけることです。

「世界でも例をみない試み」「我が国の底力が問われ」「さまざまな壁も必ず乗り越える」「除染」では、除染で生まれてしまう、高濃度の、そして大量の汚染物質を、事故の原子力発電所に近い双葉郡内に持ち込んで、更にそこを汚染し続けることが期待されています。

○参考資料

1・『除染特別地域における除染の方針（除染ロードマップ）について』（平成24年1月26日、環境省）

2・『警戒区域、計画的避難区域等における除染モデル実証事業』（平成24年1月23日、独・日本原子力研究開発機構、福島技術本部）

3・『平成23年度『除染技術実証事業』概要・平成24年1月20日（1月27日更新）』（独立行政法人日本原子力研究開発機構、福島技術本部）

4・『除染関係ガイドライン』（平成23年12月第1版、環境省）

5・2012年1月27日、福島民報

地震18年（2012年）3月13日（火）　汚染量で線引きされるという不条理

検討する課題も、検討の仕方も間違っているのです。検討されなくてはならないのは、そして優先されなくてはならないのは、居住制限区域及び帰還困難区域となって避難している人たちに、2011年3月11日より前の住まいと生活手段（仕事）など、場合によってはその人たちの町や村を、東電・国の責任において、すみやかに準備、提供する

ことです

昨年12月16日に、東京電力福島第一原子力発電所の事故の収束を宣言した時の根拠になったのが、原子炉圧力容器底部の温度が、冷却の結果100℃以下になっているということでした。ところが、2号機でその温度を測っている温度計の一つが、乱高下し、400℃で振り切れてしまいました。これは、別の温度計の測定値が「安定」していることから、乱高下していた温度計は故障ということになりました。

東電福島の事故の収束、原子炉の冷温停止を確認する唯一の手段が温度測定であり、今後30～40年にわたるであろう廃炉作業でも重要な温度測定で、その温度計が故障してしまうのはあってはならないことです。原子力安全・保安院は、東電に対して「……代わりの監視手段を検討し、冷温停止状態の維持を確認できるよう」、報告書の提出を求めています。その回答、報告書が『福島第一原子力発電所2号機原子炉圧力容器底部における温度上昇を踏まえた対応に係る報告について』（平成24年2月15日、東京電力株式会社。以下、「温度上昇報告書」）です。2号機の一部温度計の温度乱高下のことでは、設置されている温度計の数が35個（2月14日、朝日新聞）、41個（2月15日、福島民報）などと、異なったりしていたのですが、『温度上昇報告書』では、2号機の温度計の数は77個と図示され、そのうち23個は「未使用計器または使用不可計器」と表示されていました。

1ヶ月経って2号機の温度計の一つが異常上昇し、監視対象から外すことが発表されています。「東京電力は3日（3月）、福島第一原発2号機の原子炉圧力容器底部で、温度計の一つの値が異常に上昇し、正しい値を示していない可能性があるとして監視対象から外したと発表した」（3月4日、福島民報）。この発表を伝える新聞には、2号機の使用可能な温度計の数は15個となっていました。「2号機では、2月に圧力容器の別の温度計の値が上昇、燃料を冷却できなくなったのではないかと懸念されたが、東電は故障と判断。その後も故障などが相次いで判明し、現在使用できるのは15個」（3月4日、福島民報）。35個と発表され、実は42個で8個が異常と発表され、「温度上昇報告書」では全体で77個、そのうち23個が「未使用計器または使用不可計器」と報告され、3月4日には「その後も故障などが相次いで判明し、現在使用できるのは15個」ということになっています。35個、42個、54個などとなっていたのに、1ヶ月も経たないうちに「現在使用できるのは15個」は、違いが大き過ぎるということで、東京電力に確かめたところ、「現在使用できるのは15個」は正確な数字で、当局（保安院？）からの要請で詳しく点検したところ、その数になったとの事でした（3月12日、東京電力お客様相談室、相川）。

東電福島の事故は収束とされ、冷温停止を判断する唯一の手段である温度を測定する圧力容器底部の温度計は、「その後も故障などが相次いで判明し、現在使用できるのは15個」です。

その事故で壊れた東電福島2号機などがある第一原発5キロ内、100ミリシーベルト超地域の国有化が検討されています。「東京電力福島第一原発事故で汚染された土壌、資材を保管する中間貯蔵施設を設置する為、同原発の半径5キロ以内で年間放射線量が100ミリシーベルトを超える用地を国有化する案を政府・民主党が検討していることが7日、明らかになった。国の主導で該当する地域の不動産を基本的に買い取る。同原発の廃炉関連施設を設置することも検討している」「……中間貯蔵施設に加え、廃炉作業の着実な実施のためにも用地の国有化が必要とみており、現地で放射線量の測定作業を進めている。政府は土地や家屋の買収にあたって、樹木伐採のほかに立ち退き費用などの保障も検討している」（3月8日、福島民報）。

「政府・民主党が検討している」「原発の半径5キロ以内で年間放射線量が100ミリシーベルトを超える用地を国有化」される地域は、双葉町と大熊町の一部です。双葉町は町の約1／2が50ミリシーベルト超の帰還困難区域、約1／2が20〜50ミリシーベルトの居住制限区域です。大熊町の場合は、約2／5が帰還困難区域、約1／3が居住制限区域です。50ミリシーベルト超の帰還困難区域は浪江町の約1／2、葛尾村、南相馬市、飯舘村の一部にも広がっており、全体で約92万平方キロ、20～50ミリシーベルトの居住制限区域もそれら市町村で約72平方キロに及んでいます（環境省の資料から、3月11日、朝日新聞）。

政府・民主党が国有化を検討しているのは、たとえば帰還困難区域全域でもなく、東電福島から半径5キロの放射線量を測定して、「100ミリシーベルトを超える用地」に限定されています。双葉町の約1／2、大熊町の約2／5、浪江町の約1／2は、50ミリシーベルト超で帰還困難区域です。しかし、政府・民主党が検討しているのは、東電福島から半径5キロの100ミリシーベルトを超える地域です。目的は、そこに除染で発生する土壌・資材を保管・管理する中間貯蔵施設を設置すること、別に廃炉作業の過程で発生する高レベル放射性廃棄物の置き場所を確保することです。追加被曝線量が20～50ミリシーベルトの場合、居住制限となったり、50ミリシーベルト超が帰還困難となったりしたのは、放射線量の量の問題でそうなった訳ではありません。人間として、そこで生活してしまう時、著しい健康被害を予測せざるを得ない為、制限ないし困難ということになりました。そうだとすれば、それら地域から避難している人たちには、2011年3月11日より前のすべての生活、すなわち立ち退いた後の定住、生活手段（仕事）など、すべてを保障する必要があります。しかし、政府・民主党が検討しているのは、除染の結果発生する汚染土壌、廃炉に伴う高レベル放射性廃棄物の処理施設を設置する為の、半径5キロ内の国有化です。

もし、この東京電力福島第一原発半径5キロ内の国有化が長期の目的で実行に移された場合、そこは今まで世界のどこの誰も経験したことのない危険な場所になります。収束されたとする原子力発電所の事故は、2号機の温度計の相次ぐ「故障」が示すように、多くのことは不明のままです。その2号機を含む、3つの壊れた原子炉と4号機の使用済燃料を冷却する為に注水された水は、高濃度汚染水となって漏れ出し、汚染物質・汚染水となって東京電力福島第一原子力発電所敷地内で増え続けています。

検討する課題も、検討の仕方も間違っているのです。検討されなくてはならないのは、そして優先されなくてはならないのは、居住制限区域及び帰還困難区域となって避難している人たちに、2011年3月11日より前の住まいと生活手段（仕事）など、場合によってはその人たちの町や村を、東電・国の責任において、すみやかに準備、提供することです。

地震19年（２０１３年）３月12日（火）　まず、帰還ありき

こうして、不可能を可能だとする言説が、原子力発電所の重大事故はもちろん、その稼動などすべてにおいてまかり通っているのです。人間という、優れた生き物の愚行です。

東電福島の事故の収束が宣言され（２０１１年12月16日）、避難している住民を帰還させる為に実施されているのが、放射能で汚染された住宅、道路、農地、住宅に近い森林（20メートル奥まで）などの除染です。全住民が避難している双葉地区の市町村及び飯舘村などでは、測定された放射線量によって避難区域を再編し、国直轄で除染し、計画的に住民を帰還させることになっています。

帰還困難区域　　50ミリシーベルト／年以上
居住制限区域　　20～50ミリシーベルト／年
避難指示解除準備区域　　～20ミリシーベルト／年以下

放射能の除染は、50ミリシーベルト／年以上の帰還困難区域は別にして、居住制限区域、

避難指示解除準備区域などで実施し、放射線量を下げ、5年後（2013年度からだと4年後）の帰還が目標になっています。

その除染目標の達成が困難で、住民の帰還への影響が避けられない状況になっています。「環境省は8日、放射線量が高く住民が避難している福島県の11市町村で国直轄で行う除染の進捗状況を初めて公開した。着手した4市町村でも、飯舘村の宅地2012年度分の1％にとどまるなど大幅に遅れている。来年3月の除染完了の目標達成は厳しい状況だ」「遅れの主な原因について、例年にない大雪で作業が滞っているほか、仮置き場の設置をめぐり住民との交渉が難航しているためと環境省は説明する」「環境省は『仮置き場を確保できれば作業は進む』として、来年度の除染完了の目標に変更はないという」（前同、朝日新聞）。

東電福島の事故で避難している住民を帰還させる為に、必要だとされているのが、放射能で汚染された住宅及び周囲の森林、道路、農地などの放射能の除染です。放射能の除染で、どうしても必要なのが削り取った汚染土壌などを置く場所です。置き場所については、①仮置き場、②中間貯蔵施設を経て、③最終処分場に運び込む、という計画になっています。除染目標の達成が困難で、住民の帰還に影響を与えることが避けられなくなっていることについて、環境省は「仮置き場の設置をめぐり住民との交渉が難航しているため」と説明しています。

それでも、放射能の除染は進んでいて、仮置き場が得られない為に、現場に置いたまま「仮置きの仮置き」になっています。「東京電力福島第一原発事故で拡散した放射性物質の除染が進められている県内で、汚染土壌を運び出す先がなく、住宅や学校、公園など少なくとも4188ヵ所の現場に置いたままになっていることが2日、県のまとめで分かった」「昨年12月末の時点の集計のため、箇所数はさらに増えているとみられる。仮置き場の確保が難航しているためで、県は現地説明会などで仮置き場の安全性を周知しているが、成果は上がっていない」（3月3日、福島民報）。「県内で汚染土などが置いたままになっているのは、福島、郡山など37市町村に上る。このうち住宅、事業所は16市町村の2835ヵ所、学校・幼稚園は35市町村の1096ヵ所……」（前同、福島民報）。

除染、仮置き場が確保できない為（環境省）、一方取りあえず除染した土壌などの多くは、仮置き場の確保が難航している為（福島県調べ）、住宅や学校、公園などの現場に置いたままになっています。福島県は、仮置き場の整備促進の為の、現地説明会、地域対話集会などを開催しています。「県は各地で地域対話集会や住民説明会を開き、安全性などを詳しく説明。仮置き場に住民自ら立ち入り、放射線量測定などを行う現地視察会も実施し、仮置き場に対する住民の不安を解消しようとしている」（前同、福島民報）。

少しではなく大いに変なのは、「仮置き場の安全性」を「詳しく説明」して、「仮置き場に対する住民の不安を解消」するなどが可能だと考えられていることです。

降り注いだ放射能は、それが危険だから除染することになったはずです。放射能という危険物質に対しては、現在のところ人間にできそうなのは、拭き取ったり、削り取ったりすることです。やっかいなのは、たとえ拭き取ったり、削り取ったりしても、拭き取った布類、削り取った放射能という危険物質は、そこに残ってしまうことです。どんな手段をもってしても消し去ることはできない物質なのです。

仮置き場の確保が難航しているのは、住民が放射性物質が身近に仮置きされるのを危険だと理解しているからです。危険だから除染するのに、除染された危険物質を仮置きすること及び場所が危険ではなくて安全だと説明されても、「???……」で困ってしまうよりありません。

降り注いだ放射能は、それが危険、毒であるということで、それを取り除いて安全に過ごすことになっています。放射能の除染です。除染された汚染物質は①仮置き場、②中間貯蔵施設を経て、③最終処分場に置くことになっています。その除染が、「①仮置き場」が得られなくて、避難している住民の帰還に影響が出ることが懸念され、既に除染が始まっている地域では、汚染土壌などが現場に置いたまま、などの事態になっています。

福島県は「現地説明会などで仮置き場の安全性を周知している」「が、成果は上がっていない」ということにもなっています。もし、福島県が説明している仮置きが「安全」なら、仮置き場に運び込まれた汚染された土壌などは、②中間貯蔵施設を経て、③最終処分場に運び込むなどの必要はなくなります。安全なのですから、「ずっといつまでも仮置き場に置く！」でいいはずです。しかし、ここでやっぱり、少しではなく大いに変なのは、仮置き場に置いた除染で削り取った土壌などが安全というなら、降り注いだ放射能は、除染は不必要ということになります。除染して仮置き場に運び込む、などのことはしなくてよくなります。

しかし、汚染土壌などは①仮置き場、②中間貯蔵施設を経て、③最終処分されることになっています。危険なのです。その危険なものを受け入れることになる、仮置き場の設置に住民の理解が得られないのは自然で、危険だから危険なものを運び込む、危険な仮置き場の安全性を周知させる、などということはあり得ないことになります。

東電福島の事故をめぐることの多くには、「仮置き場の安全性の周知」の類の言説が、まかり通っています。

放射能を完全に閉じ込めることで成り立つ技術が、大事故になって放射能をたれ流す事故の事実が今に到るまで続いているのに、事故が収束したとする言説。

壊れた3つの原子炉を冷やす為に外部から注入する水が、高濃度の大量の汚染水となって漏れ出し続けているのを、循環注水冷却と定義する言説。

漏れ出し続ける高濃度の汚染水から放射性物質を取り除いたとしても、取り除いた超高濃度放射性物質はそのまま残ってしまうのに、多核種除去施設が浄化設備だとする言説。

降り注いだ放射能が除染できるとする言説、除染した土壌を仮置きすることが安全だとする言説、仮置き場から、中間貯蔵施設を経て最終処分する、その最終処分場について何一つ約束できないにもかかわらず、放射能の除染、仮置き場、中間貯蔵施設を経て最終処分が可能だとする言説。

こうして、不可能を可能だとする言説が、原子力発電所の重大事故はもちろん、その稼動などすべてにおいてまかり通っているのです。

人間という、優れた生き物の愚行です。


地震20年（2014年）3月1日（土） 除染、できるのか？

重大事故で、放射性物質が環境中に放出されてしまった時、どんな処理をしたとしても、除去することは不可能で、形を変えて（単に容器の！）残り続けています。しかも、「溜まっている汚染水」は増えて415万7975立方メートル（2014年1月30日現在）、1か月に約12000立方メートルのペースで増え続け、フランジ型という、仮設のタンクに溜められています。タンクそのものが耐震、耐腐食などが間に合わなくて危険で、増え続けてタンクの管理も間に合わなくて、溢れたり、漏れたりの事故が相次いでいます。漏れ出しているのは、1リットル当たり、2億3000万ベクレルの高濃度の「たまって（増え続けて）いる汚染水」なのです。

東電福島の汚染水処理設備の一つ、試運転中だった「多核種除去装置（以下、ALPS）」の、1系統が不都合で停止になりました。「東京電力は26日、福島第一原発で溜まっている汚染水から放射性物質を取り除く多核種除去装置『ALPS』で、試運転中だった系統の一つで不都合が出て汚染水の処理を止めたと発表した。東電がトラブルの原因を調べている。別の系統の運転は継続しているという」（2月27日、朝日新聞）。

こうして言われている「福島第一原発でたまっている汚染水」は、原子力発電所の燃料はもちろん、圧力容器、格納容器まで溶融した1～3号機を冷やす為、外部から注水して水が、そのまま漏れ出して溜まっている汚染水です。「溜まっている汚染水」と新聞が書くだけでは正確ではなく、順序を追っての説明が必要です。

1、重大事故で、原子炉の燃料はもちろん、圧力容器、格納容器も溶融した原子炉（1〜3号機）は、外部から注水して冷やし続けなくてはならない。

2、注水している1日約400トンの水に、地下水約400トンが加わって全体で約800トンの汚染水が漏れ出している。

3、漏れ出した汚染水を冷却水として再利用するのが、循環注水冷却設備。

①漏れ出した汚染水は、循環注水設備でセシウムを除去し、全体の約半分400トンを冷却水として再利用している。

イ、除去したセシウムは、超高濃度のセシウム吸着塔（カートリッジ）で、東電福島敷地内に仮置きされている。

ロ、再冷却に使わない汚染水は、東電福島敷地内の仮設タンクに溜めて仮置きされている。

②「①のロ」が、「溜まっている汚染水」。2月19日に、溜まっている汚染水約100トンが漏れ出す事故があった。汚染水の放射性物質は、1リットル当たり、2億3000万ベクレルと発表されている。

4、以上、「溜まっている汚染水」から放射性物質を除去する「汚染水外部の切り札」とされているのが、ALPSで、現在3系統で試運転中。この装置は、一昨年末には、稼働するとされていましたが、多核種吸着容器（以下、HIC）の多動テストに手間取ったり、多核種を処理するタンクの溶接部分からの漏洩などが相次ぐ為に、本格稼働に到っていない。その試運転に「不都合」で停止することになったのが、この度の東電による「処理停止」の発表です。

少なからず言及したように、設備、装置の「不都合」「停止」は困ったことなのでしょうが、もっと根本的に深刻な問題があります。たとえば、循環注水冷却設備の稼働で、東電福島の事故の収束が宣言されたり、ALPSの試験稼働で、放射性物質が除去されたとするのは根本的に間違っています。原子力発電所の事故で、環境中に放出されてしまった放射性物質は除去することはできません。東電福島の燃料、圧力容器、格納容器が溶融したとされる、3つの原子炉は、事故から3年近く経った今も、残された温度計で炉内の一部の温度を測ることぐらいしか出来ていません。修復はもちろん、どこが、どう壊れているかの確認さえ、漏れ出した放射能が手を付けられないのが、原子力発電所の重大事故です。人間の作ったものが、人間の手に負えないのです。

東電福島の事故で出来ることと言えば、外部から注水して冷やし続けることです。そうして、注水した水約400トンに地下水400トンが加わった、約800トンの高濃度汚染水がそのまま漏れ出して、そして溜まり続けているのが、「溜まっている汚染水」です。①溜まっている汚染水　②セシウム吸着塔　③ＨＩＣ　④使用済燃料のキャスクによる仮保管などの現状を、東電による資料で示すと以下のようになります。

①溜まっている汚染水
２０１３年11月３９２０４９／４１９０００（立方メートル）
２０１４年１月４１５９７５／４５４１００（立方メートル）
（廃炉・汚染水対策チーム会合／事務局会第２回、２０１４年１月30日）
②ＨＩＣ
２０１４年２月27日２１９本／表面の放射線量１・５ミリシーベルト／時〜１・７ミリシーベルト／時
③セシウム吸着塔（カートリッジ）
２０１４年２月27日５６２本
②、③は、東京電力お客様相談室で確認
④使用済み燃料

使用済み燃料、中でも4号機の使用済み燃料はプール建屋が壊れてしまっている為、取り出すことが急務となっています。しかし、一時保管する共用プールがほぼ満杯である為、キャスクに収納し、仮保管設備で、仮保管が実施されています。

地震21年（2015年）3月2日（月）　住めない大地が広がっています

こうして、福島県大熊、双葉両町は更に人間の住めない町として、地図の上に名前だけをとどめることになります

福島県と、大熊、双葉両町は、東京電力福島第一原発事故に伴う県内の汚染廃棄物を保管する中間貯蔵施設を巡り、施設への廃棄物搬入を受け入れることになりました。「中間」というものは、「始まり」と、「終わり（最終）」が明確でない限り、あり得ないのですが、「除染廃棄物を保管する中間貯蔵施設」の場合の「始まり」も、もちろん「終わり（最終）」もぐちゃぐちゃなままです。

原子力発電所の稼働の条件は、そこで発生する放射性物質を完全に閉じ込めることでした。もし、それが環境中に放出されてしまう時、どんな意味でも除去などの処理が不可能だからです。東電福島の原子炉の溶融する事故で、「除去などの処理が不可能」な放射性

物質が、大量に環境中に放出されてしまいました。「除去などの処理が不可能」であるにもかかわらず、それが降り注いだ表土などを削り取る「除染」で、東電福島の事故は「収束」ないし、「収束」の見通しは立つことになったのです。

放射性物質は「除去などの処理が不可能」であり、どんな境界でも超えてしまうという、やっかいな毒です。にもかかわらず、除染は住宅から周囲20メートルの範囲の森林に限ることになっています。「除去などの処理が不可能」である放射性物質を、あたかも処理可能であるかのようにしてしまうのが「除染」です。現実の作業も、作業の範囲も限定せざるを得ません。それは、放射能の毒の除去は困難であり、除染するにしても、際限がないからです。「突きつけられた事実・現実をそれとして認めないで、言ってみれば根拠のない「願望」で立ち向かうのが放射性物質の除染です。「願望」にしか過ぎない除染で、事実・現実として出来ているのことの一つが、「住宅から周囲20メートルの範囲の森林に限る」です。そこから先は、手付かずのままです。もし、手を付ければ際限がなくなります。結果、危険だから除染した生活領域（たとえば住宅及び、その周辺）のすぐ外のそこが、汚染されたままだとしたら、たぶん生活は成り立ちにくいはずです。

「除去などの処理が不可能」な事実・現実を別にして、「除染」することになった時に起こるのが、「除染廃棄物」の問題です。毒だから削り取ったのですから、どこか別の場所に移す必要があります。毒を毒のまま保管する最終処分場です。原子力発電所の稼働で発生する使用済燃料という名の毒の処理は、行き詰まっていました。何しろ、処理の不可能な毒なのですから。で、最終処分場が得られないまま考え出されたのが「中間貯蔵施設」という名の処分場です。

「始まり」は前述の通りのぐちゃぐちゃで、「最終処分場」も決まっていません。しかし、中間貯蔵施設の建設が決まり、除染廃棄物の搬入容認を、福島県、そして大熊、双葉両町は決めてしまいました。そうなったのは、二つの町が放射能の毒で人間の住めない町になってしまっているからです。その大熊町で、いち早く、汚染土などを一時的に置く「保管場」の為の工事が始まっている大熊工業団地の「団地前の道路では、線量計は毎時16・5マイクロシーベルト」に達しています（2月26日、朝日新聞）。中間貯蔵施設の建設、汚染土壌などの搬入を容認することになった大熊、双葉両町の大半は、50ミリシーベルト／年以上の帰還困難区域で、両町とも全町民が避難したまま事故から4年目を迎えようとしています。

福島県と大熊、双葉両町が、中間貯蔵施設建設と汚染土壌搬入容認の条件としていたのは、①30年以内の県外最終処分法制化　②中間貯蔵施設に係る交付金の予算化、③国による搬入ルートの維持管理と周辺対策の明確化　④施設と輸送の安全性　⑤県、大熊、双葉

94

両町との安全確保協定の締結などです。国、政府は、この条件をおおむね満たす回答をしています。

しかし、「①30年以内の県外最終処分法制化」は、PCB処理の為、国が設置している施設とその関連法を放射性廃棄物も扱えるとする法改正で「法制化」したことになっていますが、単に法を弄び軽んじただけの意味しか持っていないように思えます。大熊、双葉両町が中間貯蔵施設建設地に選ばれたのは、そこが事故の東電福島に隣接し、更に町の大半が50ミリシーベルト／年以上の帰還困難区域だからです。人間が住めなくて、全町民の避難がもうすぐ4年になる大熊、双葉両町に、それが毒だから削り取られた大量の除染廃棄物が運び込まれてしまう時、その町は更に人間の住めない町になってしまいます。「法制化」は、その大熊、双葉両町に対し、「30年以内の県外最終処分」を言葉の上で「約束」しているに過ぎません。国というものの本来の法は違っているはずです。「社会秩序を守るため、国民が従わなければならないと定められたその国の決まり」（『新明解、国語辞典』三省堂）が、法律というものの定義です。この定義が成り立つ為には、その法律に「国民が、従わなければならない」という合意が必要条件です。しかし、「福島県と2町の求めで法制化」された、くだんの法律は、「搬入した汚染土を県外で最終処分するための土地の選定は困難を極める。『政府を挙げて全力で取り組む』『全国民の理解を図りたい』（望月義夫環境相）以上のことは何も決まっていない」法律です。「全国民」と言わないまでも、広くかつ少なからずの国民の合意によるのではなく、政府、国が「福島県と2町が求めた」結果の取引きによる「法改正」にしか過ぎないとすれば、今後もずっと「『政府を挙げて全力で取り組む』『全国民の理解を図りたい』（望月義夫環境相）以上のことは何も決まっていない」のままで在り続けるはずです。

こうして、福島県大熊、双葉両町は更に人間の住めない町として、地図の上に名前だけをとどめることになります。

地震21年（2015年）3月18日（水）トリチウムを取り除けるの？

東電福島の事故で、「取り除く方法のない」トリチウムを「希釈して海に流す」ことを原子力規制委員長は繰り返し明言しています。しかし、「希釈して海に流す」は未完の技術を自ら認めることを意味します。未完の技術でトリチウムのような物を作り出してしまうとしたら、原子力発電所という技術が、そもそも成り立たないことになります。しかし、そんなものを稼働させることは、科学技術そして、東電福島の事故で被曝する人たちを冒涜することになります

東電福島で壊れた原子炉を冷却し漏れ出している高濃度汚染水の「全量浄化」の見通しがついたと言われています。「経済産業省は5日、東京電力福島第一原発の地上タンクに保管している高濃度汚染水について、多核種除去設備（ALPS）による全量浄化が平成28年5月に完了する見通しを示した」「東電は当初、今月中の浄化完了を目指していたが、ALPSの稼働率が思うように上がらず断念した。昨年12月からは強い放射線を放つストロンチウムの除去装置を追加配備し、浄化作業を加速」「最終的に汚染水からトリチウムを除く62核種の放射性物質を取り除くことができる」「現在、構内の地上タンクにはALPSで浄化された水が約322000トン（2月26日現在）保管されている。ただ、浄化水に含まれるトリチウムの処理方法が見つからず、処分できない状態が続いている」「原子力規制委員会の田中俊一委員長（福島市出身）は『ALPS処理後の水は希釈して海に流すべきだ』との主張を繰り返している」（以上、3月6日、福島民報）。

東電福島の重大事故をめぐって、使われる表現の一つひとつが例外なくある意図をもって使われているように思えます。「地上タンクに保管している高濃度汚染水について」とする場合の「保管」の場合、確かに「大切に管理する」よりないものなのでしょうが、やはり意味が違うように思えます。この高濃度汚染水はたとえば「大切に管理」するとしても、その意味が違うのは、生やさしいことでは管理できない毒物であることです。管理する人間が素手で触れることができないのはもちろん、近寄ると、「被曝」してしまう毒物です。そもそもが、保管・管理が極めて難しい毒物なのです。「多核種除去設備（ALPS）による全量浄化」の場合、一般に「除去」というのは、一区切り・完了を意味しますが、高濃度汚染水に限りそれはあり得ません。

1、「多核種除去設備（ALPS）」はとっても極めて危険な設備です。というのは一旦稼働し始めると、設備のすべてが、高濃度汚染水によって汚染されてしまうからです。

2、ALPSは確かに毒を「除去」しますが、決して消えてしまうことのないのが、放射能の毒です。「ALPSで取り除いた放射性物質は設備内のフィルター状の吸着材に納まる。使用後は高濃度の放射性廃棄物として保管容器に入れ、敷地内の施設で一時貯蔵されているが、最終的な処分先は未定のままだ」（3月6日、福島民報）。ここでも、どうかなと、首をひねるよりない表現が「最終的な処分先は未定」です。ALPSが稼働する時の「除去」した「多核種」という名の放射性廃棄物は、「廃棄」の名でくくられていますが、どんな意味でも廃棄処分不能の放射能の毒です。「最終的な処分先は未定」なのではなく、「廃棄処分」は不可能であり、どこか別の場所に、毒をそのまま「保管」するよりありません。そんな場所は、見つかりそうにありませんから、事故の東電敷地内に「仮保管」され増え続けています。「使用済み吸着材の放つ放射線量は、厚さ約11センチの鉄の容器に入れ、1メートル離れた場所でも毎時0・5ミリシーベルトと高い。国が除染の長期目標とする年間被ばく線量の1ミリシーベルトのほぼ半分に当たる数値だ」(3月6日、福島民報)。

3、「ALPSによる全量浄化」は、「厚さ約11センチの鉄の容器」の「1メートル離れた場所でも毎時0・45ミリシーベルト」の決して廃棄できない廃棄物として残り、その数が東電敷地内で増え続けて仮置きされています。1月末現在、セシウム吸着塔を含めたその数は1621体に達しています。ALPSによる「全量浄化」は、確かに高濃度汚染水の量は少なくしていますが、その反面、「1メートル離れた場所で毎時0・45ミリシーベルト」、廃棄できない更にやっかいな超高濃度の汚染廃棄物を増やし続けています。

4、更に、ALPSが稼働しても、トリチウムは除去されずそのまま残ってしまい、そのままタンクにもどされています。処理方法の見つからない、トリチウム汚染水は海に流すことが繰り返し話題になっています。「原子力規制委員会の田中俊一委員長(福島市出身)は『ALPS処理後の水は希釈して海に流すべき』との主張を繰り返している。国が定めたトリチウムの海洋放出基準の1リットル当たり6万ベクレル未満であれば、問題ないという立場」(3月6日、福島民報)。

5、「田中俊一委員長は『ALPS処理後の水は希釈して海に流すべき』」（3月6日、福島民報）、「田中俊一委員長は『タンクで敷地が埋まっている。処分しなければ廃止措置（廃炉）は進まない』などとし、昨年末から海洋放出を推す主張を強めている。海洋放出を検討課題に挙げる背景には、トリチウム処理の難しさがある」（3月12日、朝日新聞）。原子力規制委員会の委員長が「希釈して海に流すべきだ」としている、トリチウムについて、間違いなく人体には有害な放射能の毒です。「トリチウムは放射性水素だ。酸素と結びついてトリチウム水となるので、汚染された水からトリチウムを取り除く方法はない。トリチウムを吸着できることがわかっているのは、非常に緻密な物質である金だけだ。そのため、すべての原子炉からは運転中に大量のトリチウムが放出され続ける。海藻、甲殻類、魚などの水生生物や陸生の食用生物のなかでも濃縮される。すべての放射性元素と同じく無味無臭で目に見えないため、吸い込まれたり、食べ物を通して消化されたりしてしまう。原子炉近くのトリチウム水を含む霧の中に入ると、肌や肺に制限なく入り込む。トリチウムは脳腫瘍、胎児の奇形、さまざまな臓器のがんを引き起こす可能性がある。半減期は12・3年なので、それだけ経てば放射性エネルギーが半分に減るが、言い換えれば、100年以上放射性であり続けるということだ」（『終わりなき危機／日本のメディアが伝えない、世界の科学者による福島原発事故報告書』、ヘレン・

カルディコット・監修、河村めぐみ訳、ブックマン社、2015年)。新聞の書評で「正しい見解に到達するために重要なのは、適切なデータに依拠すること、結論先にありきで考えないこと、政治的信奉を事実より優先させないこと、議論のテーマを拡散させないこと」、と評価された(3月8日、朝日新聞)、『放射線被ばくの理科・社会／4年目の「福島の真実」』(児玉一八、清水修二、野口邦和共著、かもがわ出版、2014年)は、東電福島の事故現場で常に、繰り返し緊急事態であり続ける汚染水問題には一切触れないし、それらすべてを無かったことにする「トリチウムを希釈して海に流す」についても問題にしません。低線量被曝のことも楽観的です。「放射線被ばくのリスクを考える上で、生物がこのようにして環境に適応して進化してきた」「歴史をさかのぼればさかのぼるほど、放射線量は高かったことになります。そうした環境において生き物は進化してきたのですし、DNA修復率もまた、そうした環境の中で進化していったのです」(前掲『放射線被ばくの理科・社会』)。

こうしてトリチウム汚染水を「希釈して海に流す」は、漁業関係者の同意さえ得られればすぐにでも実行に移されそうな勢いです。トリチウムの危険が否定できないにもかかわらずです。「トリチウムは脳腫瘍、胎児の奇形、さまざまな臓器のがんを引き起こす可能性がある」（『終わりなき危機』）。それにもかかわらず、トリチウムのようなものを「希釈して海に流す」のだとしたら、事故の東電福島の場合はもちろん、「すべての原子炉からは運転中に大量のトリチウムが空中と冷却水に放出され続ける」のだとしたら、原子力発電所は、あらゆる意味で未完の技術であることを意味します。東電福島の事故で、「取り除く方法のない」トリチウムを「希釈して海に流す」ことを原子力規制委員長は繰り返し明言しています。しかし、「希釈して海に流す」は未完の技術を自ら認めることを意味します。未完の技術でトリチウムのような物を作り出してしまうとしたら、原子力発電所という技術が、そもそも成り立たないことになります。それなのに、そんなものを稼働させることは、科学技術そして、東電福島の事故で被曝する人たちを冒涜することになります。

地震22年（2016年）3月2日（水）住み続けるのか　新たな土地で暮すのか

東電福島の事故で、避難生活が続いている人たち、避難解除や帰還などのことをめぐり、意見が闘わされています

どこであれ、定住して生活するということは、それまでの長い生活の歴史があり、一つひとつが簡単に築かれたわけではありません。その場所の自然の条件を受け入れ、一つひ

とつの人間のつながりを作り出すことを怠らなかった時、そこがその人と家族の生活の場になりました。何ものにもかえ難い、かけがえのない場所なのです。２０１１年3月11日から始まった東電福島の事故は、たくさんの人たちからその場所を奪ってしまいました。放射能で汚染されたその場所は、事故から5年近く経った今も、人々を拒み続けています。しかしその場所が、自分たちの場所であり帰りたい場所であるのは、5年経っても変わることはありません。

南相馬市の場合、そんな場所は小高区だったりします。その小高区の避難指示解除をめぐる住民の話し合いが行われています。「東京電力福島第一原発事故に伴う南相馬市の避難指示解除準備、居住制限両区域の避難解除に向けた説明会は20日、市内小高区の浮舟文化会館で開かれた。政府の原子力災害現地対策本部は4月中旬をめどに避難指示を解除する方針を住民に伝えたが、桜井勝延市長は『住民の意見を聞いた結果、4月中の解除は厳しいと思う』との見解を示した」「桜井市長は説明会後、報道陣の取材に対し、『(平成27年度中の)解除完了の確認とその後の国との協議のため、その分の期間は延びる。確認後に開く次の説明会では解除の時期を話したい』と述べた」(2月21日、福島民報)。

たとえば南相馬市小高区の人たちの避難生活が5年近く続くのは、そこが東電福島の事故の放射能で汚染されてしまったからです。小高区の場合、一部は避難指示解除準備区域

（1ミリシーベルト／年～20ミリシーベルト／年）一部は居住制限区域（20ミリシーベルト／年～50ミリシーベルト／年）と言われています。これら地域の避難指示解除は、除染によって放射線量が目安である1ミリシーベルト／年以下を達成して初めて解除することになっていました。しかし、除染した結果、1ミリシーベルト／年以下の達成が難しい為、20ミリシーベルト／年以下と大幅に緩和され、個人線量計を貸与し、積算の被曝線量を個人で管理することで、避難指示が解除できることになっています。それがたぶん「……政府の原子力災害現地対策本部は4月中をめどに避難指示を解除する方針」と伝えている政府の方針です。この政府の方針に対して、桜井市長は「……（平成27年度中の）除染完了とその後の国との協議のため、その分の期間は延びる」と述べています（同前、福島民報）。降り注いだ放射性物質を除染すること、除染することで避難している人たちを元の住居に帰還させるという方針は、それが直接にはどんな人間の感覚でも捉えられず、浮遊しながらどこにでも入り込んでしまうというやっかいな毒である為、前述のように計画通りには行ってません。この南相馬市小高区の説明会に集まった人たちからは「あと2か月で、住民が納得いく除染はできない」「早く帰りたい人のためには解除すべきだが、日常生活の安全・安心が確保される必要がある」との声が上がっています。

東電福島の事故で避難している人たちの避難解除、帰還の目安は放射性物質の除染によって、それが1ミリシーベルト／年以下に下がることでした。浮遊し透過するこの毒は、そもそもが目安・目標とする放射線量1ミリシーベルト／年以下にすることが難しくて、その目安・目標を大幅に上げ20ミリシーベルト／年とし、被曝を前提にそれを個人が管理することに方針が変更されてしまいました。

そうして方針を変更した国は「除染の完了は最低限の条件。市と協議して最終的な解除を判断する。解除後もフォローアップ除染などの支援は継続する」（後藤収対策本部副本部長、同前、福島民報）としています。放射性物質の除染が難しいのは繰り返し指摘する通りです。「除染をする」ということで、それで言葉通りそれが万能かどうか全く別なのが、放射能による環境の汚染です。決して「除去」することのできない放射性物質は、環境中に放出されてしまった時には手遅れでかつ手に負えないのです。それこそが、東電福島で起こってしまった、原子力発電所の事故の真実です。

ですから、桜井市長や後藤収対策本部副本部長の「除染の完了」と住民側の「住民が満足のいく除染」は大きく隔たっているし、除染をめぐる両者の認識も、相手が放射性物質である限り、根本的にずれているように思えます。即ち、作業としての「除染の完了」は、放射性物質をきれいさっぱり除いたということとは、全く別の問題なのです。避難指示の解除も、ただ単に指示を解除したというだけで、解除したから被曝の心配はなくなるということではありません。

何かが少なからず「違う！」と言わざるを得ないのは、東電福島の事故、途方もない量の放射性物質を閉じ込めることができなくて環境中に放出させてしまった重大事故は、それが起こってしまった時に取り返しがつかないことです。その意味では個人線量計を貸与し被曝線量を個人で管理する新しい国の方針は、中でも南相馬市小高区の人たちにとってもし事故前の自分たちの生活の場に帰還するとすれば、それしか選択肢はないことになります。しかし「違う！」というよりないのは「除染完了」が言葉としてまかり通ってしまうことです。東電福島の事故の後、福島で5年近い避難生活を強いられている人たちはもちろん、おびただしい人たちがこの国では「被曝」することで健康を脅かされながら生きざるを得なくなったことです。中でも、子どもたちに大きな影響を及ぼすであろう、避けられなくなった被曝について、事故の当事者である電力会社や政府・国は、その責任をどんなに厳しく問われても受けるべきなのです。それなのに、「除染の完了は最低限の条件。市と協議して最終的な解除を判断する。解除後もフォローアップ除染などの支援は継続する」と言ってしまえる感覚こそが、東電福島の事故の原因そのものと言えます。

地震23年（2017年）3月8日（水）　こんなに汚染されたふるさとに帰れというのか！

東電福島の事故から6年、双葉町から避難した人たちが突き付けられているのは、自分たちには戻れる町は無くなったという事実です。「戻れる町はなくなった」のは、降り注いだ放射性物質は除去されることはないからですが、にもかかわらず、国は「その町」に住民の帰還を決めてしまいました

東北の大地震・大津波そして東電福島の事故から6年、東電福島の事故で避難している人たち、およそ8万人のうちの3・2万人の避難が解除されます。中には、大津波で住居が流されたりした人たちもいますが、多くは東電福島の事故で降り注いだ放射性物質で、そこが住めなくなってしまったからです。全住民避難となっている飯舘村は、地震・津波の被害はありませんでしたが、爆発で飛散した放射性物質が、その時の気象条件が重なり、村周辺に降り注いだ結果、住めない村になってしまいました。しかし、こうした情報は、直後には村の人たちに知らされることはなく、更に村は避難経路になり、そこを通って避難するたくさんの人たちが逃げながら被曝しました。飯舘村のほぼ全域が汚染されているにもかかわらず、全村避難となったのは事故から2か月近く経ってからです。

その飯舘村を含め、川俣町、浪江町、富岡町の3・2万人の避難が3月31日で解除されることになります。これらの村・町の人たちが避難することになったのは、東電福島の事故で降り注いだ放射性物質でそこが人間の住めない場所になったと判断されたからです。それは放射線量によって以下のように区分されていました。

1〜20ミリシーベルト／年　避難解除準備区域
20〜50ミリシーベルト／年　居住制限区域
50ミリシーベルト／年以上　帰還困難区域

避難指示が出され、それが解除される為には、区分の根拠にもなっている放射線量が下がることが条件でその為に実施されているのが、放射性物質の除染です。3月31日の避難指示の解除にあたり、現在の放射線量のことは問題になっていません。汚染土壌を剥ぎ取るなどの除染は、避難解除準備区域、居住制限区域などで途方もない費用で何より作業員たちが被曝しながら実施されてきました。既にその費用は2・5兆円に達し、4兆円を超すとも見込まれています。ちなみに、見込まれる事故対策の総額も増え、21・5兆円です（3月6日、朝日新聞）。

除染した結果の放射線量の数値を見て避難指示解除だったのに、その事をあいまいに問題にもしないで決められたのが「今春解除、3・5万人」なのです。（3月6日、朝日新聞）。

原子力発電所は、発生する放射性物質を技術の力で閉じ込めることを条件に稼働が許される施設です。東電福島の事故は、当事者である東京電力によって、「想定外」の大地震の大津波に襲われ、全電力を喪失することによって起こった「想定外」の事故だとされてきました。それも単なる事故ではなく「重大事故」です。

事故から6年、事故の東電福島では今も緊急の事故対策に追われています。

東電福島の事故、重大事故を「想定外」で言い逃れることが許されないのは、原子力発電所の稼働は、放射性物質を完全に閉じ込める技術が条件であり、結果的に閉じ込められなくなったとすれば、どうであれそれは、技術の破綻を意味します。どんな技術の営みであっても、過去の技術の蓄積があって今があるとすれば、その技術に基づきすべての可能性を追求することが技術の使命であるはずです。原子力発電所の場合は尚の事、その技術が問われます。原子力発電所の事故の場合、中でも重大事故の場合は、東電福島がそうであるように、どんな対策も間に合いません。取り返しがつかないのです。ですから、どんな環境、どんな状況であっても、耐えられることを「想定した」完全な技術であって初めて稼働が許されるのが原子力発電所なのです。

東電福島で重大事故は起こってしまいました。避難している人たちを元の村・町に戻すという約束で実施されてきた除染は、その目的を達成することも、条件を満たすこともできていません。消し去ることのできない放射能の毒は、どんなに処理をほどこしても消去することはできないからです。

3月31日で、除染された飯舘村、川俣町、浪江町、富岡町は、一部を残し避難指示は解除されますが、除染の結果の放射線量が示されません。避難指示は、測定された放射線量によって区分されたにもかかわらず、避難指示解除にあたっては、そのことが言及されないのです。

その3月31日になっても、解除未定なのが、双葉町、大熊町です。いずれも、事故の東電福島が立地ないし隣接する町で、その両町にまたがって中間貯蔵施設が建設されます。双葉町は、2012年に当時の井戸川克隆町長が町議会で不信任され、辞任し、伊沢史朗町長に代わり2017年1月に再選されています。「双葉町には、東京電力福島第一原発がある。2011年3月の原発事故で、町の面積の96%が人の住めない『帰還困難区域』となった。約7千人の町民全員が、北海道から沖縄まで全国38都道府県に散り散りに避難している」（3月5日、朝日新聞）。「『双葉は（復興が）1周半、遅れています』、震災から1年がたったころ、双葉町議会の副議長だった伊沢は、政府関係者からこう言われた」

「事故直後、当時町長だった井戸川克隆（70）は『放射能から町民を守る』と訴え、住民約1200人を率いて埼玉県の『さいたまスーパーアリーナ』に役場ごと避難した。福島県内の自治体で役場機能を県外に移したのは双葉町だけだ」「井戸川は『人が住めないところに住ませようとするのは犯罪だ』と述べ、住民の早期帰還をめざす国や、福島県内に役場を戻すべきだと主張する町議会と対立した。町政は混乱、復興計画の策定は遅れた」「混乱は住民の分断も生んだ。メディアに注目された埼玉県の避難者に対し、福島県内にとどまった避難者からは『町に見捨てられた』との声も上がった。『このままだと地図上から双葉町が消える』と伊沢は危機感を抱いた」「当初の遅れはいまも尾を引き、昨年の双葉町の復興関連事業の数は、同じく第一原発が立つ、隣の大熊町の半分以下にとどまる」（3月5日、朝日新聞）。

井戸川克隆前町長が事故直後、役場機能を県外に移し、「町政が混乱」「住民の分断を生んだ」ことで、当初の復興計画の策定が遅れ、「当初の遅れはいまも尾を引き、昨年の双葉町の復興関連事業の数は、同じく第一原発が立つ、隣の大熊町の半分以下にとどまる」と、そのことの原因となった町政の混乱、住民の分断、そして「復興一周半遅れ」になったのは、その当時の町長の責任であると新聞記事は指摘します。

その双葉町と大熊町に建設されるのが福島県内で除染された汚染土壌などを運び込む中

間貯蔵施設です。「東京ドーム約340個分の広大な敷地に、放射性廃棄物を含んだ汚染土などの除染廃棄物を30年間保管する。事業費は1・6兆円」「中間貯蔵施設は、住民帰還の妨げになる『迷惑施設』だ」（3月5日、朝日新聞）。前町長の時代の「町政の混乱」「住民の分断」で、復興関連事業の数は、「一周半遅れ」とされる双葉町に、住民帰還、復興の妨げになる中間貯蔵施設の建設受け入れを、現町長は「秘密裏」に了解します。そのことで動いたとされるのは交付金です。「政府は福島県と2町に生活再建支援名目で約3千億円の交付を認め、双葉町には389億円」。その双葉町、大熊町両町では「帰還困難区域の一部を『復興拠点』と定め、近く本格除染を始める」ことが決まっています（3月5日、朝日新聞）。「復興拠点の総面積は帰還困難区域の5％程度」「住民の帰還は早くても5年後。戻る意向を示す町民は10％程度」。そんな現実で「住民たちは帰ってくるのか。町は残るのか」との問いに対する現町長は以下のように答えています。「双葉町は被害者だ。なぜ被害者が存続をあきらめなければならないんだ。住民が戻ることをあきらめた瞬間、町はなくなる」（3月5日、朝日新聞）。

町民全員が避難している双葉町の復興、避難指示の解除、住民の帰還は「双葉町の復興まちづくり計画（第二次、平成28年12月、以下「双葉復興⑵」）の「Ⅲ、双葉町への帰還に向けて／（2）双葉町の避難指示解除に関する考え方／①基本的な考え方」では、その条件を「②安全、安心の確保／・地域の放射線量が十分に低くなっていること・福島第一原子力発電所の廃炉措置の安全が確保されていること・中間貯蔵施設の安全が確保されていること」としています。

・地域の放射線量

「双葉復興」によれば、地域を高線量等区域と低線量区域に二分し、後者に「復興拠点を置くことになっていますが、後者にも15～20ミリシーベルト／年、中には20～25ミリシーベルト／年の場所が点在しており、どう見ても事故から6年の双葉町は、「十分に低くなっている」とは言い難い場所が入り乱れ点在しています。

・第一原発の廃炉措置の安全

双葉町が隣接する、東電福島は、「廃炉」どころか、緊急の事故対策に追われ、本来は決してあり得ない放射能もれが続発する緊急事態の続く現場になっています。そして、決して「安全」などと言えないのは、その緊急の事故対策の現場では、本来は決してありえない事故処理にともなう高濃度放射性物質が、本来は決してあり得ないまま仮置きされ増え続けているからです。事故が継続中で、事故対策で環境中に放射性物質が増え続ける東電福島の事故現場と隣接する双葉町はどんな意味でも、安全ではあり得ません。

・中間貯蔵施設の安全

危ないから除染された汚染土壌などを運び込むのが中間貯蔵施設です。その施設を受け入れる場所は、福島県内はもちろんどこにもありませんでした。そんな危ない施設を、中間、30年の期限ということで引き受けたのが双葉町であり大熊町です。そんなあり得ないことを、なんで、双葉町そして大熊町は了解することにしたのか。それを秘密裏に認めたとされる現町長は、理由は明らかにしなかったとしても、３８９億円の「交付金」が動いたからです。そして「双葉町は被害者だ。なぜ、被害者が存続をあきらめなければならないんだ」と口にしたとしても、計画する「双葉復興」を自ら否定することになるのが、中間貯蔵施設です。

すでに十分に復興が難しい町に、より難しくする広大な施設を作ってしまいます。事故の東電福島の状況は、事故の実態が続く限り、そこは半永久的に住民が戻ることの出来ない町なのです。「復興拠点」は、拠点というものが本来はそこを軸にして広がるものであるとすれば、周囲がすべて帰還困難区域である限り意味を持たないことになります。

いずれにせよ、前町長に不信任を突き付け、代わった現町長の現在は、その嘆きの「…双葉町は被害者だ。なぜ、被害者が存続をあきらめなければならないんだ。住民が戻ることをあきらめた瞬間、町はなくなる」は、今ではなく、隣接する東電福島が重大事故になったその時から、「町がなくなる」ないしは、「町はなくなった」ということだったのです。

事故から6年、町役場だけを福島県いわき市に移したとしても双葉町は、実態のない町でした。町であることの要件のすべてを、町の人たちが奪われた町、「無人」の町になってしまったのです。一方、不信任を突き付けられた前町長があげていた復興の構想の一つが「仮の町」でした。小さいとは言え、いつかは元の町に戻る一歩として、可能な限り現実の機能を備えた「仮の町」を別の場所に作り住民を住まわせる構想でした（注）。隣接する東電福島が重大事故になってしまった時、「町はなくなる（なった！）」という事実を、事実として引き受け生き抜く構想であり、覚悟でした。重大事故で閉じ込められなくなった放射性物質が降り注いでしまった町が、どんな意味でもたやすく避難解除・帰還にはなり得ないことを引き受け、しかし「町はなくならない」覚悟の構想が「仮の町」です。

東電福島の事故から6年、双葉町から避難した人たちが突き付けられているのは、自分たちには戻れる町は無くなったという事実です。「戻れる町はなくなった」のは、降り注いだ放射性物質は除去されることはないからですが、にもかかわらず、国は「その町」に住民の帰還を決めてしまいました。

（注）詳細は、『なぜわたしは町民を埼玉に避難させたのか／証言者 前双葉町長 井戸川克隆』（駒草出版、２０１５年４月発行）を参照。

地震24年（２０１８年）３月8日（木）国・東電の責任を問う

東電福島の事故から7年になるのを前に、全国紙（朝日新聞）と福島放送が福島県民を対象に「世論調査（電話）」を実施し、その結果が発表されています。調査内容は「放射性物質への不安を……」「原発の再稼働に……」「処理水を薄めて海に流すこと……」「海に流すことで風評被害の不安を……」「コメのサンプル検査に……」などで、結果は別表、調査方法なども示されています

東電福島の事故現場では、溶けた（溶融）燃料と、その高熱で溶けた圧力容器、格納容器などを冷却する為の水が今も大量に注入されています。この水は、上記燃料等に触れて、超高濃度の汚染水となり、壊れた原子炉から漏れ出す為に、２段階で、放射性物質が「除去」されています。セシウム吸着塔と、多核種除去設備で、いずれも「除去」した放射性

物質はそれとして残りますから、特殊な容器に満杯になると新たな容器に交換されています。結果、超高濃度の放射性物質の容器は増え続けています。

この2つの「除去」設備ではその性質上「除去」できないのがトリチウムで、事故の東電福島の敷地内のタンク（約1000トン）で増え続け、その量は100万トンを超えていると報告されています。その事故現場では、こうして汚染水を発生し続けるその原因である、溶けた燃料の処理が急がれるのですが、事故から7年目を迎える今も、ほぼ何一つ見通しが立っていません。

ほぼ何一つ見通しの決まっていない事故現場で、たとえば1号機原子炉建屋で始まったのが、使用済み燃料プールからのがれきの撤去作業です。これは、プールから使用済み燃料を取り出す為の不可欠な作業です。「燃料取り出しを巡っては、水素爆発で崩壊した屋根や鉄骨などがプール上部に散乱し、作業の妨げとなっている」（1月23日、福島民報）。溶けた燃料を取り出す為には、使用済み燃料の取り出しが必要で、その為にはガレキの撤去が必要です。「2021年までにすべてのガレキを撤去」の方針になっていますが、この作業の結果、溶けた燃料の取り出し作業までたどり付けるのかどうかは全く不明です。

何よりも難しいのは、取り出すとしている溶けた燃料の周辺は超高濃度の放射線量の値が示される場所だからです。たとえば2号機の場合について、東電が示している放射線量は、

7～42シーベルトだったりします。「東京電力は1日、先月18日（1月18日）に実施した内部調査の測定結果を公表した。溶融燃料（燃料デブリ）が広がっていた原子炉圧力容器土台（ペデスタル）の空間線量は毎時7～8シーベルト、温度は21度だった。ペデスタルの外側の空間線量は毎時15～42シーベルトで内側よりも高かった」「毎時8シーベルトは、人が1時間程度とどまれば確実に死に至る線量」（2月2日、福島民報）。汚染水のもとになる溶融燃料は全くの手つかずで、その状態を把握するのも難しく、使用済み燃料も手つかず、「ガレキの撤去」がやっと始まったとしても、超高濃度の汚染水は漏れ出し続けることになります。結果、東電福島の敷地内に今もこれからもずっと、放射性物質のトリチウムは増え続けることになり、それを止める手立ては今のところありません。

その結果、提案されているのが、トリチウムの海洋放出です。海洋放出案は、今までもずっと言及され続けてきました。反対意見も多く実施には至っていませんが、繰り返し海洋放出案は浮上しています。「更田（ふけた）規制委員長　楢葉町長と会談／海洋放出早期決定を／処理水処分で考えます」「更田豊志委員長は11日、東京電力福島第一原発で発生する汚染水を浄化した後の放射性物質トリチウムを含む処理水の処分について、希釈して海洋放出するのが実施可能な唯一の手段だとの考えを示し……」「更田委員長はトリチウム処理水を貯蔵するタンクの原発構内での保管は、2、3年で限界を迎えるとの見通しを示し、『海洋放出の準備に2、3年かかる。意思決定までの時間は残されていない』と指摘した」（以上、1月12日、福島民報）。「知事会見／第一原発トリチウム処分／慎重な議論訴え」「内堀知事はトリチウム処理水の取扱いについて『社会的影響が非常に大きいと国や東電に申し上げている』との考え方を説明」（以上、1月16日、福島民報）。「トリチウム処理水の処分方法を議論／経産省小委員会」「処理水を巡っては政府の側の検討会が2016年6月の報告書で、薄めて海洋放出する方法が最も短期に低予算で処分できるとした。小委員会はこの報告書を基に、風評被害など社会的影響も考慮して適切な処分方法の評価をまとめる」（以上、2月3日、福島民報）。

繰り返し提案されてきているのが「希釈して海洋放出する」「薄めて海洋放出する」です。トリチウムの処理が難しいのは、水に溶け込んでしまった時、その成分上水と分離できないからです。そして増え続けるものですから、処分方法として提案されてきているのが「希釈して海洋放出する」「薄めて海洋放出する」です。

この提案に少なからず疑問を持たざるを得ない、というか認めることができないのは、「希釈」「薄めて」が、場当たり的で、そもそもそんな処理不能なものを環境中に放出したことの責任が何一つ言及されていないこと、そして残る問題はあたかもトリチウムだけであると思わせてしまうこと、そもそもこんな事を引き起こしてしまった責任者の責任が何一つ問われていないことです。この事故によって引き起こされる、環境汚染は更に増えることがあっても、何一つ解決されません。たとえば、前述のセシウム、多核種などの超高濃度の放射性物質は、「専用」とされる容器で保管されているとはいえ、本来は環境中には存在しない「毒」であることに変わりはありません。収集が難しく、増えることはあっても、決して処分・処理のできない「毒」が東電福島の事故の放射性物質です。そうして、処分・処理できない放射性物質が増え続け、それを止める手立てもないのに、トリチウムの処理さえ目途がたてば東電福島の事故が終わりだと思わせるのが、前述のトリチウムを巡る新聞報道です。そんなことになってしまった、事故責任は「不問」のままです。

東電福島の事故は、「(地震・それによって起こった津波を) 想定外」とする東電の見解・主張を、国も認め、責任が問われることはありませんでした。10000人を超える人たちが刑事告訴をしましたが、検察庁は東電の見解・主張をそのまま認めてきました。そんな状況で、提起されたのが検察審査会への告訴でした。告訴を受けた検察審査会は「起訴相当」としたにもかかわらず、検察庁はこれも不起訴としました。差し戻された検察審査会は2度目の審査でも「起訴相当」としたため、東電福島の事故は、武黒一郎元副社長、武藤栄元副社長、勝俣恒久元会長を「強制起訴」し、検察官に代わり、裁判所が指定した弁護士（特定弁護士）を検事とする刑事訴訟裁判になり、2017年7月に初公判、

2018年1月26日が、その第二回公判になりました。

以下、その公判の「争点」を巡る、検察側（特定弁護士）、および弁護側による証人、上津原勉氏（東電の事故調査報告書の作成に関与）に対する証言尋問の概要です。

東電福島の事故について、国・東電などは、それが重大事故、燃料溶融事故であることの発表を遅らせるないしは隠してきました。そして、緊急事故対策に追われているにもかかわらず（事故から7年目を迎える今も緊急の事故対策に追われている）、収束を宣言しました。そうして収束を前提にして取られてきた事故理解、事故対策はおよそ以下のようになります。

1、降り注いだ放射性物質を「除染」し避難している人たちを元の市町村に戻す。
2、溶融した燃料を取り出し事故の原子炉を廃炉にする。

世論調査では、その除染についての現状が紹介されています。「東京電力福島第一原発事故で放出された放射性物質を取り除くため、福島など8県の92市町村が進めてきた除染作業が、3月末で終る見通しとなった。環境省が2日、発表した。国による福島県の旧避難指示区域の除染は昨年3月末で終了。特に放射線量の高い帰還困難区域の復興拠点となる地域を残し、主要な除染事業は事故後7年を経て完了する」（3月3日、朝日新聞）。

放射性物質の毒は除去することはできません。「除染」は除去できない毒・放射性物質をそれが降り注いだ住宅などの場合はほぼ手作業で拭い取り（この場合、拭うのに使った雑巾などが放射性物質になる）、土壌などは表面を削り取り、（表土を約5センチ削り、山土などで埋め戻す）、別の場所に移されることで、それを一旦は仮置きし、現在はそれを更に中間貯蔵施設に移し始め、除染された1650万立方メートルのうち300万立方メートルを移したとされます。「国による分も含め、除染の総事業費は約2・9兆円に上る見通し、農地の表土をはいだり、家の汚れを拭き取ったりして発生した汚染土などの廃棄物は約1650万立方メートル。うち約1600万立方メートルは福島県内で発生し、約300万立方メートルは既に中間貯蔵施設などに運び出された」（前同、朝日新聞）。「家を汚したり」「農地に降り注いだ」放射性物質は、「拭き取ったり」「削り取ったり」することしかできません。「除去」できない毒だからです。それを「廃棄物」と言ったりしていますが、どこにも、そのまま廃棄することもできません。「除去」できない毒だからです。もちろん、「処分」もできません。「処分」する場所を指定することも見つけることもできません。「除去」できない毒を、どこも誰も受け入れはしないからです。その結果生まれた表現が「中間貯蔵施設」です。「表現」の問題にすり替えない方がいいように思えるのですが、でも中間貯蔵施設です。30年後には、最終処分場に移すことになっていますが、そんな場所を指定することも見つけることもできていませんから、言葉だけの中間貯蔵施設です。そんな中間貯蔵施設が設置されることになったのが、全町民の避難が事故から7年目を迎える今も続く、双葉町と大熊町です。緊急の事故対策が続く、東電福島が立地する町です。危険な毒を引き受ける場所が見つからなくて、既に充分に危険な場所でもある、双葉町と大熊町が選ばれることになりました。

危険な毒であるということで、既に「約2・9兆円」の費用をかけて「除染」され、移す場所が見つからなくて、7年近く除染したすぐ近くに仮置きされ、最終を得られない「中間」としての、中間貯蔵施設が、放射能の毒が降り注いだ為に全町民が避難する、双葉町と大熊町に設置され、危険な「廃棄物」が運び込まれています。

「福島県民共同世論調査」で、調査の対象となっている福島県民の多くは、東電福島の重大事故で、多かれ少なかれ、「除去」できない放射性物質の危険にさらされたまま7年を迎えようとしています。にもかかわらず、放射性物質への不安を「感じていない」の回答が「あまり」「全く」合わせて33％に止まったり、「感じている」が少し増えたにせよ66％だったりするのは、こうして実施される世論調査がそうであるように、国・東電による東電福島の事故対策と理解が広く浸透しているからだと考えられます。たとえば「主要な除染事業は事故後7年を経て完了する」の「完了」が実は放射能の毒を、毒をそのままに別の場所に移しただけだということが、理解しにくくなっているからです。

汚染土の扱いについて「環境省は今後、汚染土の搬出を加速させる」その期限を「東京五輪・パラリンピック前の2020年ごろまで」としています。「汚染土の搬出」、要するに、東電福島の事故対策の後、福島県民（はもちろん、この国の人たち）の「不安」が拭い去られるとしたら、放射性物質の危険・毒が除去されることです。しかし、この毒はどんな意味でも除去することはできません。東電福島のような事故、燃料が溶融し、原子炉が放射性物質を閉じ込める機能を失い、放出を止められなくなってしまった時、「不安」も決して取り去ることができなくなります。見えない放射性物質が、福島の人たちの、毎日の生活の中に侵入して浮遊し、多かれ少なかれ被曝を余儀なくしています。

「共同世論調査」の報告には、調査報告とは直接関係がないにもかかわらず「空間放射線量目安見直しへ／被曝量踏まえ議論」という項目の記事が付記されています。「除染計画づくりの判断基準などになっている毎時0・23マイクロシーベルトの空間線量について、原子力規制委員会の放射線審議会は2日、見直しの議論を始めた。この線量は、被曝量が年1ミリシーベルトを超えない目安として東京電力福島第一原発事故後に定められたが、実際の被曝量はその数分の1にとどまるとの研究が出ていた」『0・23』は屋外に8時間、屋内に18時間滞在するといった生活を仮定した数値だ。だが、実際に住民の被曝量を測ってみると、想定よりも下回っているという研究も出てきている。審議会の有識者らから『数字が独り歩きしている』『復興を妨げる要因になっている』などの意見も出て、実際の被曝量と合わせて見直しを議論することにした」（前同、朝日新聞）。この項目・付記そのものが不自然であるだけでなく、被曝量の言及も本来の事実関係を踏まえていないように思えます。「毎時0・23マイクロシーベルトの空間放射線量」「この線量は、被曝量が年1ミリシーベルトを超えない目安として東京電力福島第一原発事故後に定められた」なのですが、「被曝量が年1ミリシーベルトを超えない」は、東電福島の事故前に、ほぼ国際基準として了承されていた数値です。東電福島の事故の後、この「1ミリシーベルトを超えない」が大幅に緩和されることになります。最初に緩和されたのが子どもたちの被曝でした。成長期の細胞に影響が受けやすく、中でも感受性が高いとされる子どもたちの被曝の上限が「20ミリシーベルトを超えない」のであれば健康被害の「心配はない」とされました。この場合の数値に具体的な根拠があった訳ではありませんでしたから単に「心配はない」としか言われませんでした。こうして「心配はない」とされた理由は、東電福島の事故の後、避難・休校が続いていた学校等を再開するにあたって、そこが「1ミリシーベルトを超えない」を実現することが、到底望めなかったからです。たとえば、放射線量が高く、子どもたちの被曝が余儀なくされる郡山市でも、学校の再開が急がれた為に、20ミリシーベルトを超える地域が多かったにもかかわらず「心配はない」とされ、学校は再開されます。こうした動きに対し、子どもたちを集団疎開させることを求める裁判も提起されますが、判決は、被曝の事実とリスクを認めながら、「現実的に難しい」として訴えを退けてしまいます。

「共同世論調査」が実施され、その結果の報告の一つとして、「放射性物質『不安』66%」となっていますが、この報告には、たとえば「除染」の結果の放射線量などのことが一切示されません。既に2・9兆円に上るとされる「除染」費用にもかかわらず、国際基準であった「年1ミリシーベルトを超えない」は守られていません。東電福島の事故後の避難にあたって示された3つの区分と、その根拠となった放射線量は以下のようになっていました。

避難解除準備区域　1～20ミリシーベルト
居住制限区域　20～50ミリシーベルト
帰還困難区域　50ミリシーベルト以上

このいずれの場合も、避難解除は国際基準の1ミリシーベルトでした。しかし、どんなに「除染」しても、目標が達成できない為20ミリシーベルトまでは「心配ない」ことになり、そこに戻った場合には積算の被曝線量を自ら管理することになりました。放射性物質は、環境中に放出されてしまった場合、どんなに「除染」しても取り除けないこと、東電福島の事故は、それが降り注いだ場所に止まる限り、被曝が常態になってしまうのです。それが原子力発電所の重大事故であり、その結果です。「共同世論調査」の報告で、本来は最も重要であるはずの、それら数値が何一つ具体的に示されることがないのは、事故の事実を隠蔽する結果になっています。

2の溶融した燃料を取り出し事故の原子炉を廃炉にするについて。

東電福島の事故で、現在も緊急対策に追われている中で、「共同世論調査」はそのことについて「処理水の海洋放出」だけが報告されています。今、東電の事故で処理が難しいとされているのがトリチウムです。そのトリチウム汚染水が100万トンを超え、保管するタンクが東電敷地内で増え続け、その対策に追われています。結果繰り返し課題になっているのが「処理水を薄めて海に流す」ことです。薄めれば心配はないと言われても、安全であると断言できないのですから、流すことに心配で「反対が67％」「賛成19％」となったりしても止むを得ないように思えます。一方、事故対策の中心である廃炉はその入り口で立ち往生したままです。そのことが少しは前進していると思わせる報告が、世論調査ではなく、「東電3号機立ち入り可能」です。（3月1日、福島民報）。「東京電力は28日、福島第一原発3号機の原子炉建屋内で小型無人機『ドローン』を飛ばして行った調査の結果、1階から3階部分の空間放射線量は毎時10～15ミリシーベルトで、人が立ち入り廃炉作業を行える範囲だったと発表した」。「労働安全衛生法は原発で働く作業員の被ばく線量について、5年間で100ミリシーベルトかつ1年間で50ミリシーベルトを上限と定めている」ことから、3号機で作業員が3～4時間働けば1年間、7～8時間働けば5年間仕事ができなくなります。作業員のその上限の被曝を前提にすればです。これは、原子炉建屋の内側で、調査したのは「無人機『ドローン』」です。建屋の内側にあって、燃料が溶融し容器も溶融しているとされる格納容器、圧力容器などのことについては、ほぼ何一つ解っていません。「『不安』66％」ではなく、何一つ払拭されていないのです。

あとがき

西宮公同教会のお世話になるのは、5年目の大学となる1968年4月からで、教会の皆さんの家庭に招いていただいたり、ちょっとしたお手伝いでアルバイト代をいただいたり、大切にしていただいたのは、身に余る思いでした。そして、1968年10月に5年半お世話になった、関西学院大学神学部を卒業することになりました。卒業延期になっていた10人ほどが、大学本部で、学院長、学長、それぞれの学部長から卒業証書を手渡されたのですが、古武弥生学長からは「……君、卒業できてよかったね！」と特別に声をかけていただきました。たぶん、少し前の薬学部闘争の徹夜の団交の時のやりとりで、「……君、馬を水際まで連れていくことはできるが、水を飲ませることはできない」とご自分が答えた時の学生だったと気付いたのだと思います。この徹夜の団交の時、たまたま柔道部の練習の帰りに、電気がついたままの大学中央講堂をのぞいてしまった学生が、後に、西宮公同教会の顧問弁護士を引き受けて下さった、上野勝先生です。徹夜の団交の時のやりとりを見て「……あんたおもしろい！」と言った上野さんとは、その後、狭山差別裁判の日比谷野音の集会でばったり出会い、司法修習中でしたが、弁護士になってすぐから、4、5人の仲間と長い間、およそ25年間西宮で起こった「甲山事件」の中心になって働き、完全無罪を勝ちとりました。

大学を卒業する時、担当の教授は「君は、実践に向いている」とおっしゃってくれましたが、教師（牧師）試験の推薦も当面の仕事の紹介もしてくれませんでした。そうして始まった「空白」の半年の後の１９６９年から始まったのが「大学闘争」です。日大、東大などがバリケード封鎖に突入する中、関西学院でも、学部単位で順次バリケード封鎖が始まり、神学部のバリケード封鎖の学生集会では、卒業生でしたがバリケード封鎖に向けての発言もさせてもらい、2月から5月まで、バリケードの中で生活していました。封鎖の始まる2月には、バリケード封鎖の中から教団の教師試験に出かけたりしていて、面接で参加の有無なども聞かれました。

関西学院は、5月に機動隊によってバリケードは完全解除になり、「住居」がなくなったこともあり、友人の紹介で神戸の薬局の店番や配達の仕事など店員として働くことになりました。（ここでは、経営者、一緒に働く人たちなどから、とても大切にしてもらい、7年半働かせてもらうことになります）。

その間に起こった（起こした！）のが、教団の教師問題でした。当時、教団の教師（牧師）試験で、関西学院など「認可神学校」の場合は、大学からの「推薦」が受験の条件になっていました。試験が終わった後「事情が変わったので」と大学が推薦を「保留」にし、合格も「保留」になってしまいます（本当は、バリケード封鎖に加わっていたことを理由に）。当人は、受験したことも忘れていたのですが、たまたま当時の日本基督教団の書記に教えてもらって解ってしまいました。それから、長い長い、教師問題の闘いが始まり、今もそれが続いています。そうして始まった教師「問題」は、「保留」が撤回されないことの抗議で、受験を粉砕した結果「不合格」になってしまいますが、要求・闘いをエスカレートさせ、教団本部（当時は、銀座4丁目の教文館ビルの中）の封鎖で迫った結果、「合格」になりました。

「保留」「不合格」「合格」で、教団の教師（正・補の補教師）にならせてもらい、40年間「補教師」のままです。この、正・補教師は、以上のような「経験者」にとっては、どうということはない問題ですが、日本基督教団は「大問題」で、たとえば補教師は、教会が「生命線」だとする「洗礼」「聖餐」（いわゆる聖礼典）などはしてはいけないことになっています。現在も、意図的に正教師試験を受験しない補教師が少なからずいて、「教師問題」としてくすぶり続けています。それは教団の「規則」ではありますが、それを根拠づける確たる理由が、聖書などからは導き出せないからです。たとえばイエスは「先生」などと呼びかけられたりしますが、たぶんそれが当時のユダヤ教社会の慣習としてあったのでしょうが、本人は望まなかったはずです。ましてや、「聖礼典」と言われているものの何一つ、イエスあるいはその教え（らしきもの）に根拠を見出すことはできません。ですから、補教師であること、その働きを全く限定したり、否定することもできないのです。

大学闘争の時代に、ほぼ同時進行で阪神間の教会を横断するように活動がはじまっていた、教会の青年たちの「闘う組織」が「自立的キリスト者青年同盟」で、教会の改革、社会、情況への発言を強く求めていました。１９７０年の第25回兵庫教区総会での「青年たちを含め議場にいるすべての人を、議員・正議員として認める」要求になり、夜を徹した会議の結果、それを認めるという議長の決定になりました。兵庫教区は、それ以降、開かれた会議の形を取り続けて今日に到っています。１９９３年には、補教師の聖礼典について、「当該教会の決定を尊重する」ことを、教区としての決定にしています。西宮公同教会が、１９７３年に決定し、教会の内規としてきた「総会日に出席した人すべての総意」は、兵庫教区でも今日に到るまで、その主旨は尊重されることになりました。

時代を生きて「社会・情況への発言」は、広く社会ではなく、教会を「守備範囲」に限定してきたように思います。今、自分たちが、「生活」の場としているところを超えてではなく、生活の場をえぐることが、社会・情況に肉迫することになるだろうという意味においてです。

働かせてもらった7年半の薬局では、中卒で主として「配達」などを担当する（夜は、彼らは夜間高校に通っていた）若い人たちと一緒に配達の仕事をすると同時に、一緒に遊び、一緒に旅行する仲間の一人に加えてもらっていました。少なからず挫折して、仕事、高校を中退することになる前後に、ずいぶん話し込むこともありました。7年半、極めて充実した薬局の店員であり得たのは、大切にしてもらったのと同時に、たぶん「商売人」が向いていたのだと思います。その7年半はずっと西宮公同教会の担任教師で、主任教師と半々ぐらいの責任は持っていました。そして7年半の店員生活を切り上げさせてもらうことになって、教会付属幼稚園の日常に少しずつ顔をのぞかせることになり、いつしかどっぷり日常を担うようにもなってしまいました。幼児期の子どもたちのことも、周辺のことにも、ほぼ理解がないままでしたが、たまたま出会った人たちから、半分はけしかけられ、半分はおだてられるようにして、教会と同時に、いわゆる幼児教育の世界にはまり込んで行くことになりました。それが、40年以上続くことになりました。その中で、たいしたことができた訳でも、学習ができた訳でもありませんが、「人間としてのこども理解」はその一点を軸にして、少しは理解したり語れるようになったかも知れません。だからと言って、子どもたちの生きる現場の理解では、プロと言い得る訳でないのは、もちろんのことです。唯一言えることとは、戦争に負けた日本の、田舎で繰り広げられた貧しい生活一つひとつを思い起こすようにして、今そこで生きる子どもたちと共有し、繰り広げることでした。

そんな「ありふれた生活」が繰り返されていた、1995年1月17日に起こったのが兵庫県南部大地震でした。長い間生活をしてきた、西宮、中でも西宮北口周辺の被害は甚大でした。学生の頃から始まって、25年間生活してきた、その生活のつながりが絶たれた人たちは20人を超えていました。起こってしまった極限の自然災害の情況で、極度の緊張状態で見えてきたのが、情況の中で何一つ柔軟に対応できない行政で、それに肉薄する闘いが始まりました。

大地震の後の闘いです。自然災害が引き起こしたおびただしい人と物を巡る、人間の営みの脆弱さに驚きました。そうして見聞きし、考えたことをおびただしい量の文章にし残してきました。その一部が大地震から2年目を迎える前の1995年11月に「地震／地震・教団」としてまとめられることになります。兵庫県南部大地震は、M7・2、震度7の「極大」の地震が「局地的」に「極限」の被害を及ぼすことになりました。緊急時、そして続いて起こるすべての事態において、取られる対応の一つひとつが間に合いませんでした。間に合わないその時に、被災の現場を生きる人たちは、取返しのつかない現実を強いられ、生死の境を生きることを強いられていました。

「極大」「極地」「極限」であるにもかかわらず、通常の災害のマニュアルとそのマニュアルを何一つを超えることのない対応が繰り返されたのです。結果、多くのことは被災の現場に届かず、間に合わなかったのです。その一つが、西宮浜などで実施されることになった「野焼き」です。地震で壊れた家の解体撤去は、期限付きで国の援助（全額負担）になりました。解体撤去が急がされた結果、「ガレキ」となった家屋などが西宮の浜を埋め立てた空き地に運び込まれ、処分の見通しが立たず増え続けるのに慌て火をつけてしまう「ガレキ」の野焼きが始まったのです。野焼きは、通常であれば厳しく禁止されています。しかし、通常のマニュアルしか備えていない大地震の後の対策では対応が間に合わないため、野焼きが実施され、県や市はもちろん、国（環境省）も黙認することになりました。極限の自然災害・破壊の現場で、人間の作ったマニュアルで人間が更なる苦痛を強いられるということが、起こってしまったのです。そうして、露呈されるすべてのことを経験することになったのが、兵庫県南部大地震です。その渦中に立ち上げ、それらすべてを凝視し続けるのが兵庫県南部大地震ボランティアセンターでした。この働きは、２０１１年3月11日の東北の大地震、津波そして、東電福島の重大事故を見つめ続けることにおいても継続され、今日に至っています。

西宮公同教会は、35年前、老朽化した幼稚園舎の建て替え資金を捻出するため、収益事業・賃貸住宅事業を始めます。収益事業の収益を教会的な働きにつないでいくものとして始まったのが「関西神学塾」です。「世界最高水準」を掲げて始まった学習で何よりも尊重されたのが、宗教の学習（キリスト教、聖書）において、一般的に流布されている前提を自明のこととしないで、学習の入り口から根源的な問いを避けないというものでした。始まってから30年余り、新しい挑戦も繰り返し、一昨年から、栗原康さんから、大杉栄、伊藤野枝、そして森元斎さんからクロポトキン、バクーニンを学び、キリスト教がその出発点において持っていた「相互扶助」などの学習にも取り組んでいます。

２０１１年の東電福島の重大事故は、世界の破滅を予感させる大事件でした。そんなことが起こってしまったこと、その事が身に迫る情況に、ひるまずに立ち向かってきたことを記録として書き残してきたのが「じしんなんかにまけないぞ！こうほう」です。東電福島の重大事故によって閉じ込められなくなり、降り注ぐことになった放射能に、一番影響を受けやすいのが子どもたちです。提起されている子ども被爆裁判、事故の責任者の告訴にも、その仲間になってきました。こうして、仲間になる場合の考えること、行動することの根底になるのが、原始キリスト教にもその起源を持つと考えられる相互扶助であるように思えます。

どんな小さい命とも、共同、共生する、そして相互扶助が西宮公同教会が、１９７０年後に経験し、そしてその後の歩みを刻むにあたって教会の指針としてきたことであり、これからも変わることのない課題です。

菅澤邦明

著　者　略　歴

新免　貢（しんめん・みつぐ）

1953 年沖縄県生まれ。宮城学院女子大学一般教育部教員。文献資料に基づいて初期キリスト教思想をとらえ直し、時代に対応したキリスト教の再構築を展開する異色の研究者。ユダ、マグダラのマリアなどの復権に尽力。

菅澤　邦明（すがさわ・くにあき）

1944 年富山県生まれ。政治・思想・宗教を熱く生き、黒の T シャツが「制服」の市井の人。機械になじまないが、道具は使いこなす。

逆まく怒濤をつらぬきて

発 行 日	2018年10月20日　初版発行
著　　者	菅澤 邦明・新免 貢
発 行 人	小野 利和
発 行 所	東京シューレ出版
	〒 136-0072
	東京都江東区大島 7-12-22-713
	TEL/FAX　03-5875-4465
	ホームページ　http//mediashure.com
	E-mail　info@mediashure.com

編集協力	ロシナンテ社
DTP 制作	日置 真理子
装　　丁	岡 理恵
印刷 / 製本	モリモト印刷株式会社

定価はカバーに表示してあります

ISBN 978-4-903192-36-9

Printed in Japan